はじめての フクロウとの暮らし方

著　伊澤伸元
鳥と小動物の病院falconest院長

日東書院

Introduction

フクロウを飼うということ、それはどういうことなのでしょう。

それはあなたが船長となり、フクロウと共に未知の島を目指し、大冒険の旅に出るようなものではないでしょうか。その先に何が起こるかは誰にもわかりません。楽しいことや驚くようなことが起こるかもしれないし、ときには困難も待ち受けているでしょう。

フクロウを飼うこと、それはつまり、飼育難易度の高い生き物を飼うという「冒険」だということをまずは多くの人に理解してほしいと願っています。

無計画に冒険の旅に飛び出すとどうなるでしょうか?

その先に見えてくるのは残念ながら「不幸」の二文字である可能性が高いのです。自分だけではなく周りにも迷惑をかけてしまいます。もちろん同乗者である、ほかならぬ大事なフクロウにも。

あなたに特殊な能力(センス)があれば話は変わってきます。たとえば某マンガに登場する主人公の船長のように、ゴムみたいに手足が伸びるとか、類稀なる能力(飼育センス)があるのなら……。

でも、おそらく大半の飼い主さんはごく普通の一般人で、フクロウに関する知識や経験はほとんどないのが実状でしょう。ただ、これは当たり前のことでもあります。フクロウという生き物についてわかっていないことはまだまだ多くあるのですから。

安易に飼育に踏み切り、同乗者であるフクロウを不幸にしている船長が昨今非常に増えています。本来、フクロウをはじめ鳥類はとても長生きなもの。でも、今の飼育状況では、10年、いや5年と生きられるフクロウがどれだけいるのか……。

これまでは目の前の不幸なフクロウにのみ対応してきましたが、なるべく多くの人にフクロウ飼育の実情を知ってもらいたいと思い、本書の筆をとらせていただきました。

ただ、この本を読めばすぐにフクロウが飼える、といったようなマニュアル本のつもりで作成はしていません。冒険にマニュアルがないように、生き物の飼育にも完全なマニュアルなど存在しないと考えています。

本書では、「これ以上不幸なフクロウを増やさない」をテーマに、飼育に必要な基本と重要なポイントをまとめました。ここさえ外さなければ、どんな種類のどんな性格の個体にもほぼ対応できるはずです。つまり、より長く、健康的なフクロウとの冒険を続けるためのコツを飼い主さんに伝えたい、そういった想いでこの本を書きました。これはマニュアルではなく、いわば「指南書」という表現が妥当かもしれません。

フクロウを飼わなければいけない理由などどこにもありません。中途半端な考えや知識、技術は不幸を招き、最悪の場合は命を浪費してしまうことにつながります。誰しも最初は専門的な知識や技術はありません。そのままフクロウを迎えれば、まず間違いなく不幸な事態を招いてしまいます。

フクロウは自分自身で理想的な生活環境を整えることはできません。だから、最初は飼い主さんが素人だとしても、親代わりである飼い主さんが努力してあげなければいけないのです。

あなたはどれだけの知識・技術・覚悟、そしてフクロウに対する情熱を持ち合わせていますか? 今ならまだ間に合うかもしれません。「無理かも?」と思ったら、そっとこの本を閉じてください。いばらの道に進む覚悟ができたならページをめくって先にお進みください。この本がフクロウとの冒険の道標となってくれるでしょう。

そう、フクロウを幸せにするのも不幸にするのもすべて、あなた次第ということを、どうか忘れずにいてください。

鳥と小動物の病院　falconest
院長　伊澤伸元

Quiz!

フクロウにまつわる都市伝説をあばく!?

あなたは何問正解できますか?
もし間違っていても大丈夫。
この本でしっかり勉強してくださいね♪

OWL QUESTION 01

Q フクロウは水をあまり飲まない?

YES ／ NO

A NO

餌だけから摂取する、スポイトや霧吹きであげるなどは間違い。水入れを用意して、常にフクロウ自らが水を飲める状態にしておきましょう。フクロウだって好きなときに水を飲みたいのです（**詳しくは80ページを参照**）。

Q フクロウに水浴びは欠かせない？

YES ／ NO

A YES

水浴びは習性のひとつ！　シャワーをかけたりするのではなく、好きな容器を使って、フクロウの好きなタイミングで水浴びさせてあげましょう**（詳しくは 86 ページを参照）**。

OWL QUESTION 03

Q 食事は食べなくなるまで与えればよい？

YES ／ NO

A NO

食事は体型に合った量を与えよう。体型を調べるには「肉色当て」が重要（**詳しくは 90 〜 92 ページ参照**）。

OWL QUESTION 04

Q ペリットは
毎日吐かないとダメ？

YES ／ NO

A NO

ペリットは消化できない・しづらいものを吐いているだけ。毎日吐かせる必要もありませんし、わざわざペリットになる食事を与えなければいけないというものでもありません（**詳しくは 103 ページ参照**）。

OWL QUESTION 05

Q フクロウを慣れさせるには、
手に乗せて外に連れ出す
「据え回し」がベスト？

YES ／ NO

A NO

初心者がいきなり挑戦するのはNG! 「据え回し」は鷹匠クラスの人が行う訓練方法。きちんとした人に師事しましょう（**詳しくは 108 ページ参照**）。

Q フクロウは夜行性だから夜に活動させないといけない？

YES ／ NO

A NO

フクロウの種類によっては薄明薄暮性タイプも。育てられた環境によっても変わります。毎日同じリズムで過ごさせることが重要です（**詳しくは 16 ページ参照**）。

結果は
どうだった？

全然ダメだった…

これから
頑張れば大丈夫！

飼い主さんがフクロウを
幸せにしてあげてね

はじめてのフクロウとの暮らし方 CONTENTS

CHAPTER 5
フクロウの住処を準備しよう

From Dr.Izawa

CHAPTER 6
フクロウとの生活に必要な道具

CHAPTER 7
フクロウの毎日のお世話

OWL COLUMN

CHAPTER 8

毎日の健康チェックを欠かさずに

CHAPTER 9

フクロウの病気

OWL COLUMN

撮影協力

鳥のいるカフェ 浅草店

東京都台東区浅草 1-12-8 大山ビル B1F
http://toricafe.co.jp/asakusa/

鳥のいるカフェ 木場店

東京都江東区木場 2-6-7
http://toricafe.co.jp/kiba/

フクロウのみせ

東京都中央区月島 1-27-9
http://ameblo.jp/fukurounomise/

Specail Thanks

ココちゃん
ヨーロッパコノハズク

福ちゃん
ナンベイヒナフクロウ

ピーちゃん
アフリカワシミミズク

CHAPTER

1

フクロウのことを知ろう

フクロウってどんな生き物？
ペットとしても歴史が浅いフクロウのことを
まずは本来の生態もふくめて
しっかりと理解しましょう！

フクロウとは？

種類は多いけれど すべてフクロウ目

フクロウのことをまずは生物学の視点から見てみましょう。図鑑などを見ると、分類では「鳥綱《ちょうこう》フクロウ目《もく》」の鳥です。分類学上、この下にメンフクロウ科、フクロウ科、さらにその下にコノハズク属などと分けられます。

注意しなければいけないのは、同じ鳥にもいくつもの名称が存在すること。和名、英名、学名、品種名などです（それぞれの種類については、CHAPTER4を参照）。

さまざまな名前があるものの、フクロウ目であれば、すべて同じフクロウという種の鳥を指します。また、フクロウは「猛禽類《もうきんるい》」という言葉でも呼ばれます。

猛禽類（英語ではraptor）とはどんな意味かというと、実は、ただ「肉食の鳥」というだけ。

タカやハヤブサ、コンドルもみんな猛禽類と呼ばれています。「類」とひとくくりにされていますが、実際は「タカ目」と「フクロウ目」と分類上ではまったく異なる種類なのです。もちろん、食事や体の構造で共通部分は多くあります。ただし、それぞれの鳥1羽1羽には「個性」があることを忘れないようにしましょう。同じ種類だから同じ性格という考え方はよくないもの。もちろん種類によって、こんな性格になりやすいという傾向はありますが、フクロウと人は同じ生き物として1対1

で向き合うのが基本です。

鳥が鳥を食べるのはおかしなこと!?

よく、フクロウの餌は何ですか？　と聞かれます。

「鳥肉ですよ！」と答えると、よく知らない方は首をかしげながら「鳥が鳥を食べるなんて……」と不思議そうに言う方もいます。こうした人もまだまだ少なくありません。

実はこの問題、鳥類の分類を説明すればすぐに理解してもらえることなのです。

「哺乳綱」の生き物を哺乳類と呼ぶように、「鳥綱」の生き物も鳥類と呼ばれます。そう、もう答えは出たようなもの。カンのいい人は理解されたことでしょう。

ハトやウズラ、フクロウもそしてスズメも鳥綱の生き物です。そして、ヒトやイヌ、ウシもブタも、コウモリもハダカデバネズミも哺乳綱の生き物。

つまりはヒトが牛丼や豚カツを食べることと、フクロウがウズラを食べることは何も変わらないのです。そう考えてみると、鳥が鳥を食べることは、何もおかしなことではないですよね？

閑話休題。それよりも生き物という観点からすると、ヒトの方がかなり、いや相当変だと思うのは私だけ……？　ちなみに私は自分のことをヒトの中、そして獣医師の中でも変人だと思っています。ここまで読んでちょっと不安を感じた方、ご安心を。フクロウや動物に対する愛には自信がありますので。

POINT

分類学上のフクロウ

鳥の中でもフクロウ目に属するものが該当します。フクロウ目フクロウ科のあとには、コノハズク属やワシミミズク属などさらに細分化されます。

フクロウの生態①

食事・睡眠・繁殖が生きることの基本

野生のフクロウはほかの野生動物と同じく、基本的にはヒトの３大欲求といわれる、「食事・睡眠・繁殖」の３つを軸に行動しています。このことから、衣・食・住がこと足りている飼育下のフクロウは野生のフクロウとは、まったく別の生き物といっても過言ではありません。

まずは生きていくのに重要な食事に注目してみましょう。

基本的に夜行性の種類が多いですが、「薄明薄暮性」という朝夕に行動する種類も少なくありません。その種の活動時間に合わせた狩りのスタイルをとります。

ほとんどの種類が待ち伏せ型の狩りをし、お気に入りの狩場で静かに獲物を待ちます。

一方、メンフクロウやコミミズク、オナガフクロウなどは飛翔しながら地面の獲物を捕るといった狩りも活発的に行います。

野生下は弱肉強食の世界であり、食われる方も必死。ときには狩りをしている側でもほかの生き物の獲物となることがあります。それだけ生きていくのは過酷なことなのです。そのため、狩りに使うエネルギーは相当なものとなります。飼育下のフクロウはこの「狩り」がないため、常に飽食状態に近く、野生下のフクロウは絶えず飢えている状態にあります。一方、ペットとしてのフクロウは、常に

飼育下のウサギフクロウですが、見慣れない撮影スタッフに好物のマウスをとられまいと、警戒中。羽を広げて必死に威嚇のポーズ！

満腹状態に近くなりがちです。この点が野生と飼育下の大きな違いなのです。

寝るのも命がけ!?

次に睡眠。無駄な体力を使わないためにも、狩り以外のほぼすべての時間は基本的に休息に充てられます。休息といっても野生下ではいつ敵に襲われるかもしれないといった緊迫した状況です。

このため、必ずといっていいほど安心して休息できる「ねぐら」をどのフクロウも持っています。

日本のトラフズクのように季節の変化で渡りをする種類は、稀に集団で休息することがあります。渡りの途中で、本来の営巣地でない場所において睡眠をとるときは、外敵から身を守るために単独生活が基本のフクロウも、複数羽集まって身を寄せるのです。

また、ほぼすべての種類の体色・模様は保護色です。

これは、ねぐら周囲の環境に溶け込むように自らを隠蔽するために進化したと考えられます。

子孫を残すために生きる

最後に繁殖。いかに自分の子孫＝遺伝子（ＤＮＡ）を残すか、は生き物にとって重要な課題です。

にもかかわらず、これは他の鳥種もそうですが、フクロウは環境が整わなければ繁殖せず、発情も起こしません。それだけ繁殖をすることには生命に多大なリスクや負担がかかるということの表れでもあります。

フクロウ類はインコ類に比べて、はるかに市場に出回る数が少ないのが現状です。もちろん、産卵数が少ないことや、これまで需要が少なかったことも原因でしょう。

しかし、一番の理由は繁殖ができる環境・状態を整えるのが難しく、繊細で飼育難易度が高い生き物であるという点でしょう。

どこかに止まって寝ていたとしても寝たふりの可能性大。熟睡というよりは、仮眠に近い状態です。

フクロウの生態②

社会性を必要としない単独生活

タカ目の中には社会性を持ち集団で行動する種も見られますが、フクロウ目の鳥は例外なく単独生活です。このため、ほかのフクロウとの交流や社会性はなく、生きていくうえであまり必要がありません。「社会性がないこと」はつまり、コミュニケーション・スキンシップなどをほとんど求めないということを意味します。単独生活であるがために、自分の縄張り（パーソナルスペース）も広く持っているのです。

こうした生態からいえるのは、最近の風潮ともいえる、むやみに体を撫で回したり、狭い範囲に複数羽飼いするといった飼い方が、根本的に生き物としてのフクロウに「合っていない」ことがお分かりいただけるのではないでしょうか。鳥の性格に合っていなければ、そこはただの「地獄絵図」となってしまいます。

繁殖期には縄張りに変化が出る

ただし、野生でも飼育下のフクロウでも、繁殖期・育雛期《いくすうき》は状況が変わります。

繁殖期は雌雄のフクロウが近づいて求愛や交尾を行います。

また、雛の時期は同時に生まれた複数の雛で集団生活をするので、ほかの個体との距離がかなり縮まります。

最近では繁殖の知識・技術が発展したおかげで、いわゆるヒトに対しての刷り込みが入った「インプリントの個体」（40ページ参照）が多く流通するようになりました。これはこれで、ヒトとフクロウがより暮らしやすくなるので、非常によいことといえます。

雛のうちなら集団でいることにストレスを感じないので、この習性を利用して、複数羽で過ごさせるカフェやショップがちらほら見られるようになってきました。ただし、これは雛のとき（あるいはフクロウ自身が成鳥になっても、飼い主さんを親だと思う雛気分でいる状態）だから可能なわけで、環境を変えるとそれ自体を巣立ちと認識することも少なくありません。つまり考え方が変化します。

パーソナルスペースがほぼゼロだったのに、飼い主さん宅に行くと途端に自分だけのスペースが広くなります。この環境の変化が、自我が芽生えた巣立ちにつながることがあるのです。

つまりフクロウは大人への階段を踏み出したということに。

連れて帰ると、ショップにいたときのように馴れていない、触らせてくれないといったケースには、こうしたフクロウの心理が働いていると考えられます。

フクロウの体のしくみ

目 生活スタイルに合った目

フクロウの目の構造は、水晶体も硝子体も大きく、暗視に適した構造となっています。しかし、すべてのフクロウが夜行性ではありません。見分けるポイントは、虹彩（目）の色。夜行性の種類は虹彩の色が濃く暗い色で、日中も行動するような種類はオレンジや黄色といった明るい色が多いのです。本来の生息地での生活に適した目の構造となっています。ただし、日中に行動する種類でも、薄暗い森の中が生活環境であれば虹彩は暗褐色なので一概には言えませんが、ひとつの目安にしてみてください。

夜行性のモリフクロウ

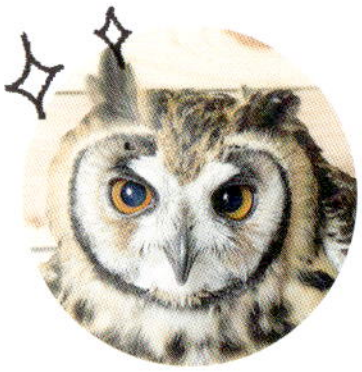

薄明薄暮性の
ウサギフクロウ

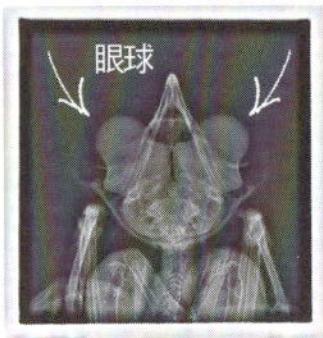

レントゲン写真。上から見て、眼球が大きく飛び出ているのが健康の証。

耳 獲物の距離を正確に測る

フクロウの耳は、左右不対称についています。これは、左右に届く音のわずかな時間の差を感じとり、対象物の位置を正確に把握するためです。メンフクロウで多くの研究がされており、なんとマッハ１の音の違いを感じられるとか。マッハというと１秒に 340m、時速に直すと 1224㎞ /h。この違いを感じられる耳とそれを処理する脳はすごいものですよね。こうした身体能力の高さゆえに、フクロウが生活する環境は極力静かで落ち着いた場所がいいと想像できるでしょう。

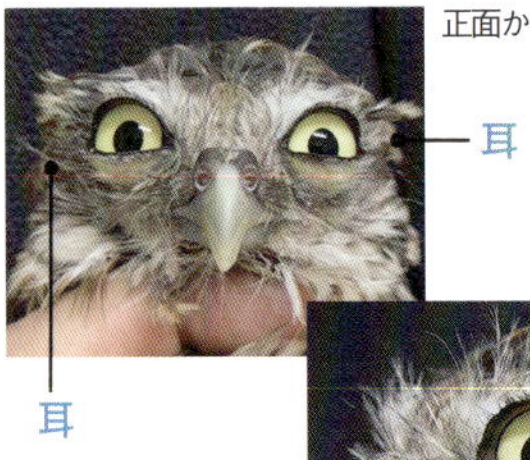

正面からみたところ。

穴のように見えるのがフクロウの耳。

足 器用で力強い足

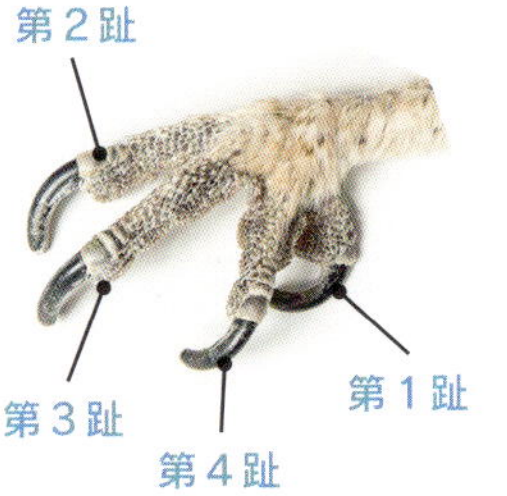

タカやハヤブサは不等趾足《ふとうしそく》といって、第１趾のみ後ろ向きで、そのほかの３本は前を向いています。一方のフクロウは、最外側の第４趾が、状況によって前にも後ろにも向きます。これは獲物を引っかけて捕らえるタカとは違い、しっかりとつかんで捕えることが一因と考えられます。このため、体格が同じくらいのタカよりもはるかに強い握力があります。

POINT

フクロウの骨

フクロウはインコなどオウム目の鳥とは異なった骨の構造をしています。腱がはずれやすい構造になっているため、いわゆる「脱臼」を起こしやすくなっています。成長すると脱臼はほぼなくなりますが、成長期は足の骨に負担をかけないようにすることが必要です。足の事故には十分注意しましょう。

脱臼したアカアシモリフクロウのレントゲン。

羽 音が出にくい羽

多くのフクロウの羽は飛翔時に音の出にくい構造となっています。その柔軟性や鋸歯《きょし》状突起《じょうとっき》*と呼ばれる構造のためです。これらが研究され、新幹線のパンタグラフやパソコンの冷却ファンに応用されています。

＊鋸歯状突起とは、翼が鋸の歯のようにギザギザになっているもの。翼の表面に小さな渦を発生させて羽音の発生を抑える役割がある。

翼

尾羽

DATE

フクロウの成長

誕生から孵化まで

すべてのフクロウは種類によって異なるものの、複数個の卵を産みます。これを「1クラッチ」と呼びます。飼育下の繁殖では、産卵直後に卵の数が減ると産み足しという行動が見られます。これを2クラッチ、3クラッチと続けて多くの卵を産むこともあります。

野生下でも何らかの理由で卵がなくなった場合には、同じような行動が見られます。しかし、産卵行動自体が母体にとってかなり大きな負担となるため、雌の状態が良くなければ産み足しは行われません。

卵は種類にもよりますが、約1~1.5ヵ月で孵化。この時点でヒトが育てると、ヒトに刷り込み（プリント）が入る＝インプリント、親が育てればペアレントレアードと呼ばれます。刷り込みは孵化直前の卵内にいる頃から入るとされています。

孵化後、約1ヵ月で成長のサイズに

孵化後、これも種類によりますが約1~1.5ヵ月で綿《わた》綿《わた》の幼羽が抜け、幼鳥の羽に生え変わります。この期間は小型種では短く、大型種になればなるほど長くなる傾向にあります。この時点で体格はほぼ成鳥と同じになり、これより大きくはほとんどなりません。

これは、哺乳類は骨の伸長が骨端の成長板で起こるのに対し、鳥類は軟骨の中心から骨化が起こるためと考えられます。その後約一年で最初の換羽を迎え、幼鳥の羽から成鳥の羽となります。

一年目の幼鳥の羽は一見成鳥のものと同じように見えますが、実はわずかに長く、翼面積が広くなっています。これはアスペクト比（鳥の翼の縦横比率のこと）を高め、未熟な飛翔技術を補うためです。グライダーが動力なしに長距離を飛行できるのも、こうした翼の効果が一因です。

ただし、その分小回りが利きづらくなります。知っておいてほしいのは、どの鳥も最初は飛翔技術が未熟であるということ。放鳥などする際は事故を起こさないように、細心の注意を払いましょう。

親代わりである飼い主さんが十二分に気をつける必要があります。

フクロウの、あの寸胴な体型から考えてわかるように、元々フクロウは飛翔能力が高くはありません。狭い部屋での放鳥は、正直あまりおすすめできません。

飛翔技術の上達の速度は個体差があるので一概にはいえませんが、徐々に上手くなる様子を観察するのも親心としての楽しみともいえます。飛んでほしくないからといって羽を切るという風習もありますが、そもそも飛ぶから鳥なのです。だったら鳥を飼うべきではない、と個人的には言いたいところです。

飛翔技術を学ぶのは幼鳥の時期が一番で、この時期に飛ぶ訓練をすることがポイントです。

クリッピング（羽を切ること）した翼。賛否両論ありますが、飼い主さんもクリッピングは後悔していました。

巣立ちを迎え 精神的にもおとなへ

幼羽が生えそろうと、いわゆる巣立ちの時期になります。巣立ちには精神的な変化ももたらします。今までは、親きょうだいの接近に対して無頓着であったのが、フクロウ元来の習性を主張しはじめます。

自然の流れに沿わない形となりますが、ヒトと共生、つまりなるべくヒトと近い距離感で暮らしてもらうためには自我を芽生えさせないようにするのがポイントです。そのコツは、お腹がすいたら親代わりの飼い主さんが食事を与えること。この関係を続けるよう心がけましょう。満腹、飽食にさせすぎず、食事のメリットを減弱させないような環境を維持します。

置き餌にすると「自分で食事を見つけた♪」と思いこませてしまいがちです。それが自立心の芽生えにつながり、飼い主さんとの信頼関係を崩すことがあるのです。

この点からも一人暮らしで、留守がちの環境ではフクロウと親密な関係を保つのは難しいといえるでしょう。

知っておきたい縄張りのこと

フクロウの縄張りを尊重しよう

フクロウは縄張りを持つ習性がありますが、その理由はさまざまです。

餌の確保から、また、つがい相手を確保するために、1羽につき、ある一定の縄張りを持ちます。

ほかのフクロウや生き物に縄張りを侵害されそうになると、鳴いて威嚇したり、素早く攻撃することもあります。これは、「スペーシング」と呼ばれる排他行動や逃避行動といわれています。

その相手が飼い主さんになることや、初めて家を訪れたお客さんにあたることも。

フクロウには縄張りがあるということを常に忘れないようにして接しましょう。

縄張りを侵害されると強いストレスになりやすい

フクロウが生きるうえで一番の目的とすることは、「安心して暮らせる場所を確保すること」だと考えられます。

ヒトもフクロウも、ストレスの無い生活なんてありません。

しかし、どれだけのストレスにさらされようとも、心休まる場所や空間があるからこそ日々の生活をこなしていけるのでしょう。

ヒトの場合、それが家かもしれないし、書斎のような自分の部屋かもしれないし、インターネットの世界なのかもしれませんね。

つまりは他人に侵されざる空間＝パーソナルスペース（縄張り）をヒトも欲しているのかもしれません。

フクロウにも同じことがいえます。何か嫌なことがあったとしても、パーソナルスペースに逃げ込めれば、そこで気持ちを落ち着けることができ、大事に至ることを防ぐことができます。フクロウのパーソナルスペースを含んだ「環境」を用意することが、飼い主さんに求められることなのです。

これは種類によって大きく違い、もちろん個体差もあります。特にStrix属のフクロウはこの習性が顕著にみられる傾向があるので、常に留意しておきましょう。

変化の少ない環境で フクロウに安心させよう

縄張り意識が強いフクロウにとって、特に変化はストレスとなりやすいものです。フクロウが暮らしている環境にたびたび変化が訪れると、「ワタシの縄張りに天敵が来るかも?」と落ち着かない精神状態になりやすいのです。

つまり、フクロウと暮らすうえで最も重要視しなければいけないのは「いつもと同じ」で「変化のない環境」を維持するということ。それがフクロウにとっての安心や幸せにつながるのです。

だからこそ、飼い主さんはフクロウにとって、なるべくストレスが生じにくい環境を用意してあげましょう。飼育下のフクロウは、自分で環境を選ぶことはできません。ほかならぬ飼い主さんにしか、それを用意することができないのです。

ちなみに私は熱い湯船につかっているのが至福の一時。自分だったらこんな時が幸せ、と想像する気持ちを、うちのフクロウはどんなときが幸せだろう……という風に置き換えて考えてみましょう。

フクロウにとって何が幸せかを「考える」ことが、飼い主さんに一番必要とされていることなのですから。

POINT

よいストレスと悪いストレス

知らない人に触られる、知らないところにばかり連れて行かれるなどはフクロウにとって最悪のストレス。でも、たとえば飼い主さんと自宅でおもちゃを使って遊んだりするのは、刺激の少ない飼育下のフクロウにとってよいストレスです。ストレスの与え方も、信頼関係によって変わるものと心得ておきましょう。

OWL COLUMN

学名から読み解こう

学名とは、カール・フォン・リンネという人物が提唱した世界共通の生物の名前。2つの単語からなり、前が属名、後ろが種名を表しています。人は *Homo sapiens*。

学名の属名部分が共通であれば同じ種に属する鳥、つまりは似たような容姿・習性の鳥ではないかと想像することができます。

たとえば、日本の和名がフクロウという鳥は学名が *Strix uralensis* 。一方オオフクロウは *Strix leptogrammica*。

属名が同じなので共通部分が多いだろうと想像でき、飼育管理に役立つ情報となるのです。特に情報量の少ない生き物において、この考え方が役に立ちます。

学名が面白いのは、名前から想像できること（もの）がある点。たとえばメンフクロウ（*Tyto alba*）。これは白いメンフクロウ科の鳥という意味で、まさに名で体を表しているのです。興味がある方は学名の世界へ、どうぞ！

CHAPTER

2

フクロウを迎える前の心がまえ

お迎えをする前に、飼い主さんには
必ず読んでほしいこの章。
自分できちんとお世話ができるかどうか
もう一度確認してみましょう。

基本は観察力

観察力を身につけよう

フクロウは皆さんご存知のとおり、「生き物」です。生き物とは絶えず変化することが最大の特徴。そう、モノではありません。この当たり前のことを、いかに日々心がけるかというのがフクロウと暮らすうえでは、特に重要なポイントとなってきます。

　飼っている鳥が、昨日と今日の両方ともまったく同じ状況・状態という保証はどこにもありません。ヒトだって明日何が起こるかなんてわからないのだから、当然のこと。そう、頭ではなんとなく理解していても、本質的に理解している飼い主さんがあまり多くないのが現状です。

　最初にショップなどに言われたままの方法・量でずっと食事を与えたり、ショップでもしていたからと、自宅でもホコ（スクウェアパーチ）に繋ぎっぱなしにしていたり……。こうした例が多く見受けられます。

　大事なのは、生き物であるからこそ、その個体を「見てあげる」そして「考えてあげる」ことではないでしょうか。

　食事の量は本当に適切だろうか？　ショップにはすすめられたけれど、果たしてフクロウはその用意された場所でちゃんとくつろげているのだろうか？　もっと別の方法はないか？　と考えてみることが生き物とうまく生活する最初の一歩となるはずです。

　そう、何もフクロウに限ったことではありません。生き物を飼うということは「考えること」なのです。相手はヒトとは違う未知の生き物。それゆえにともに暮らすにはある程度、飼い主さん側が工夫をこらすことが必要です。

　ただ、そのためにはある程度の経験や知識も欠かせません。

　しかしながら、飼育難易度の高いフクロウの状態や様子の的確な判断は、簡単にできるようになるものではありません。

　でも、飼うと決めた以上は、判断できるようにならなければいけません。前途多難の道でしょう。

　基本は見て・考えること、つまり観察力を身につけるようにしましょう。

From Dr.Izawa

センスを身につけてフクロウを幸せに

生き物を飼ううえで身につけておきたいもの、それは「センス＝感性」と皆さんにお伝えしたいのです。とはいっても、センスとは生まれ持ったものでもあり、それを育てるのは至難の業ともいえるでしょう。かく言う私も、ファッションセンスには縁がない……。

とはいえ、センスを身につけるにはそれなりにコツがあるのです。1つは「興味を持つこと」。好きこそものの……といったことわざがあるように、興味を持つ・持たないでは学習の効率に雲泥の差が出ます。もう1つは「センスは磨くもの」。努力すればできるように、個体差はあれども解るようになっていくものです。

通常の物事は失敗を重ねて徐々に上達していくもの。だがしかし！ 生き物と接することにおいては失敗は許されません。それは、職業上、私も身に染みて感じていることです。だからこそ、必死に情報収集などの努力をしましょう（36ページ参照）。

ゆえに私は診察で知識の乏しい浅はかな飼い主さんには徹底的なくらいダメ出しをします。ダメな部分を理解して改善してもらいたいがためなのです。理解していただける方も多い一方で、そうでもない方もいます。自分は悪くないとばかりにショップや本、ネットの情報のせいにして言い訳ばかり、しかも可愛がってるはずの鳥の前で。その鳥にとって頼れるのは飼い主さんだけなのに……。こういう人は話の中心が「自分」になりがちの傾向があります。フクロウを飼ったら、ああしたい、こうしたい、あれがしたい！ と自己主張ばかりで肝心の相手＝フクロウを見ず、考えていないのです。私は職業上、話の中心が「動物＝フクロウ」です。話をしても噛み合わず、しまいには怒り出してしまう人も中にはいます。これも「生き物と接するセンス」の問題なんだと思います。

とはいえ、こんな偉そうなことばかり話している私も、実は生き物に対するセンスはない方でした。すぐマニュアルを求め、同じようにしていればうまくいくと思い込んでいました。

しかし、多くの生き物やそれに関する人達と接していくにつれ、足りないことの多さに気づかされたのです。

これは私自身の懺悔でもあります。受け売りですが、「生き物を飼うということは考えることである、考えない人に生き物なんて幸せにできない」。

生き物に対して、努力しても、し足りないことなんて絶対にないと私は考えます。飼い主さんの努力がフクロウの幸せに直結するのは言うまでもありません。

ぜひもう一度、一つの命を預かるという覚悟とその重要性を見直してみてください。

飼育ポイント①
環境

3つのポイントをおさえよう

　フクロウを迎え入れるにあたって知っておきたいポイントは3つ。「環境」「嫌われない接し方」「フクロウの行動原理」です。この3つを理解しておくことが、お迎えの事前準備をするにあたって重要なことです。「環境」というと、難しく考えてしまうかもしれませんが、つまりは「フクロウの生活空間」。

　飼い主さんは、自分が住む家は過ごしやすいように配慮していることでしょう。それと同じことです。フクロウにとってストレスのない環境を用意しましょう。

　ここで〝事前の〟といったように、はっきり言うと生き物を飼うのに衝動買いはあり得ません！

　特に環境を重視するのがフクロウという生き物。迎え入れてから設備を整えて、ここをこうしよう……などと試行錯誤すればするほどフクロウのストレスが増していくばかりです。

　雛であれば、いかに幼く柔軟な状態のまま迎え入れるかが重要です。成鳥ならば、いかに新たな環境を嫌いにさせないかがポイントとなります。

フクロウを「嫌いにさせない」コツ

　この「嫌いにさせない」というのは、フクロウとの接し方において最重要ともいうべき項目です。

鳥は一般的に嫌悪刺激（嫌なことや危険なもの）からは飛んで逃げるという有効な逃避行動をします。空というニッチ（空間）は鳥が独占しているようなものだから起こることで、どこかに逃げればいいやと考え、どうにかしようとは基本的に考えないのが本来の性質。よって、嫌悪刺激にあまり執着はしません。

　フクロウも同様ですが、前述の通り環境をかなり重要視するため、「コレは嫌だけど、ここから離れたくないから避けるだけにしよう」といった思考となるわけです。

　自分の縄張りの中で「これは好きなもの、あれは嫌いなもの」をしっかりと区別する傾向があります。それが「フクロウは嫌なことを根に持つ」としばしば表現される行動のゆえんになっていると思われます。極力、その個体の生活する環境の中に嫌いなものがないように環境を整えることが好ましい状態といえます。

　よって一番嫌いになってほしくないものは飼い主さん！　と言いたいところですが、実際は「環境」。環境さえしっかりしていれば、多少のストレスは緩和されてしまいます。実際、病院へ来るフクロウの怪我や病気の原因のほとんどが、不適切な環境が一因となっています。

飼い主さんも環境の一部

　来院の二番目の原因は飼い主さんとなるわけですが、誰しも愛鳥に嫌われたくはないと思うはずです。だったら、フクロウが嫌がることは決してしないこと！　しかも、絶対に!!　です。

　ちょっとだけなら？　なんて甘い考えは抱かない方がよいでしょう。嫌いになってもらうのはたやすいものですが、好きになってもらうには、ヒトと同じ、いやそれ以上に多大な努力と時間が必要なのです。

　ましてやいったん嫌いになったものを好きになってもらう……。そこにとてつもない労力が必要なのは言うまでもありません。

　本来、頑固な性格の子が多いフクロウのこと。嫌われない努力を日々心がけなくてはいけません。

　飼い主さんの行動をフクロウがどう感じるかは、飼い主さんではなく、フクロウが決めることなのですから。

POINT

フクロウは病気を隠す

飼育下のフクロウであっても、野生の本能が残っているので、ちょっとした体調の変化は隠そうとします。弱った様子を見せると、天敵に狙われやすくなるからです。これも、環境がそのフクロウに合っていれば、飼い主さんもフクロウの何らかのサインを感じとることができますが、不適切な環境下で飼育していると、フクロウも不安な状態でサインをより隠すようになります。フクロウにとって「環境」がいかに重要かを理解しましょう。

飼育ポイント②

嫌われない接し方

ボディーランゲージに表れる「嫌悪」

言葉を発せないフクロウの「好きなこと」「嫌いなこと」は行動や表情、しぐさから読みとるしかありません。

フクロウは血の通った生き物です。ヒト同様、いつも同じ感情ではありません。喜怒哀楽とまではいきませんが、特にその性質上、怒りや緊張といった「嫌悪」の感情はわかりやすく表現します。

クチバシをパチン！　と鳴らして警戒したり、余裕があれば体を大きく見せ威嚇し、なければ細くなって見つからないよう、やり過ごそうとします。

いわゆるボディーランゲージ、つまり行動でその感情を表現しているのです。

「嫌悪」サインがない暮らしを

そして、これらの〝嫌悪〟を示す行動は、実は飼い主さんが見てはいけない・させてはいけない行動でもあることを認識しましょう。いつもと違うフクロウの様子を面白く感じる人も、なかにはいるかもしれません。でも、目の前のフクロウがこれらの行動をすること、つまりそれは嫌がっている、ということなのです。

もちろん、嫌われていない状態をキープできれば甘えたしぐさや、座ってくつろぐ「アヒル寝」を見せてくれることもあります。

POINT

フクロウの「嫌悪」サイン

嫌悪サインが表れたら その場を離れて

すぐに何を嫌がっているかを判断し、可能ならば嫌がっているものを排除し、その場から離れます。

なぜなら、その行為を飼い主さんが誘発していなくともその場にいれば、嫌悪刺激と飼い主さんをフクロウが関連づけて行動学的な思考処理をしてしまうことがあるのです。そう、フクロウの飼育難易度の高さはその頭の賢さゆえんなのです。賢さのために、「嫌なこと」は本能的に排除しようとするのです。

これを負の関連づけといいます。

この負の関連づけが成立してしまえば、飼い主さんを嫌う原因となってしまいます。ちっぽけなことでも繰り返せばどんどん嫌われていきます。最初は反応が面白いから、もしくはちょっとした遊びのつもりでこれを繰り返してしまい、手に負えないほどフクロウに嫌われてしまった飼い主さんは少なくありません。

たとえばイヌやネコは時間と共にヒトとの距離が縮まり、親密になることがほとんどです。しかしながら、フクロウに関してこれは当てはまらないといえるでしょう。誤った接し方をすればフクロウは嫌がる、しかし、ほとんどが繋がれた飼い方をしているでしょうから、そう遠くまでは逃げられません。逃避行動ができないフクロウは、嫌なことがあった、と根に持つことになります。

これを繰り返せば時間と共に両者の距離は開き、結果、飼い主嫌いのフクロウにしつけてしまっていることになるのです。気づいてあげてください。その環境を嫌いになったフクロウにとって、その場にいさせられるということは苦痛以外の何物でもないことを。

個体によっては、ヒトがいない時に逃げ出そうとバタバタ暴れます。また、飛び立とうとして羽が傷つき、最悪の場合、繋がれていれば骨折することも。

内向的な性格の個体は表情を曇らせ、ただジーッとし、何をされても受け身となります。いわゆる、現実逃避をしているのです。

これを大人しい！ ヒトに馴れてる♪ と自分勝手に勘違いをしている飼い主さん・ショップがどれだけ多いことか。フクロウの表情を見れば一目瞭然のはずです。

何度も言わせていただきます。

フクロウは生き物であり感情も持っています。可愛がることと愛情を押しつけることは全く別問題なのです。相手の気持ちを考え尊重しなければいけないのは、ヒトだろうがフクロウだろうが同様です。だって同じ生き物なのだから。

飼育ポイント③

行動原理

栄養状態によって行動も変わる

フクロウは栄養状態によって、同じ個体でもまったく行動が変わります。栄養状態というと体重を思い浮かべがちですが、大事なのは「体型」（90ページ参照）です。

つまり太っているか、痩せているかということです。私が初診時に飼い主さんに必ず確認する事項でもあり、フクロウの健康管理においては一番大事な項目です。

フクロウにとっては食事が命！

飼育下で繁殖されたフクロウとはいえ、まだまだフクロウは野生の習性を色濃く残しています。

野生下での狩りは危険と多大なエネルギーの消費を伴うものですが、それをしなくては生命が維持できません。しかもフクロウはもともと体温の高い鳥類。ジッとしていてもエネルギーを消費するような仕組みなので、栄養を積極的にとる必要があります。

食欲＞嫌悪刺激が行動のキホン

狩りの大変さと食事の重要性を本能的に知っているフクロウ。裏を返せば、フクロウはいかに楽に安全に糧を得るかを求めているともいえます。

よって、お腹が空けば、大好きなエサの存在が大きくなるあまり、本当はあまり近づきたくない（好きではない）ヒトのそばにも寄ってくるようになります。

ここに、「食欲＞嫌悪刺激」という公式が成り立つのです。これを、「うちの子がやっと慣れた！」と勘違いされている方があまりに多いのですが、残念ながらフクロウは本能に従っているだけ。

逆に、お腹いっぱい、もしくは太っている場合は、無理をしてまで食事をとる必要はないので、好きなものに対しても反応は鈍くなりがちです。さらに、嫌いなもの（嫌悪刺激）に対しての反応も敏感になります。

つまり、太っているときにその個体が嫌がる行為をすれば、痩せているとき以上に嫌われる（根にもたれる）こととなりやすいので、注意が必要です。
同じ個体でも太っているときは鈍感で嫌悪刺激が強くなり、痩せているときは、食欲が勝つので嫌悪刺激にも若干寛容になるというわけです。

食欲と嫌悪刺激の関係をヒトとの暮らしに応用して

こうした基本の行動を理解しておけば、「フクロウが嫌がるけど、どうしても共に暮らすうえでは覚えてもらわないといけないこと」に応用が可能です。

たとえば、新しい環境に慣れてもらう、キャリーを覚えてもらいたいといったときは一旦痩せさせ、「慣れて・覚えてもらいたいこと」と「大好きな食事（好嗜）」を関連づけてあげると受け入れてもらいやすくなります。

フクロウの嫌悪刺激にも勝る食欲をうまく利用して、飼い主さんとの信頼関係を築く一歩につなげましょう。

生き物にマニュアルはない！

情報が少ない生き物を飼うことの難しさ

　ここまで飼育ポイントを説明してきましたが、もちろん、この本からだけでなく、自分でフクロウについて調べるということも大事です。

　誰しも最初は無垢で無知なもの。裏を返せば、初心者が最初からうまくいくことなんて、まずないと思ってください。だから多くの人が努力をしているのです。好きなことが上手くできるように、難しいことが理解できるようにと。それは、生き物を我が家へ迎え入れるのも同じこと。ましてや、初心者がフクロウを飼うというのは、ただ高校に通っていた普通の学生が東大受験する！　なんて言いはじめたようなもの。

　「調べよう！」と考えるも、残念ながら、日本にはまともなフクロウに関する資料がほとんどないのが現状です。

　でも、こんなにも情報が少ない生き物をそれでも飼いたいというならば、日々精進するしかないのです。そこでまずぶち当たる問題が、どこで情報を入手するか、ということ。

　このご時世、情報を得るとなると、パソコンやスマホを駆使し、インターネットを利用する人が多いでしょう。ただ、残念ながら多くの人がいまだに「ネットには正しい情報がのっている」と思い込んでいるのです。

　ネットの中の情報は玉石混合。特に、特殊な分野や成長しきれていない分野は、ほぼ石ころ同然。勘違いや誤解も多いものです。

　個人的には、ネットの人々にかかわると面倒なことが多いため、あえてそうした場所には顔を出さない在野の賢人の方が多い気がしていますが……。

　ただネット批判をしたいわけではありません。重要なのは、情報を見極める目を持つということです。注意が必要なのです。

　同じ個体でも太っているときは鈍感で嫌悪刺激が強くなり、痩せているときは、食欲が勝つので嫌悪刺激にも若干寛容になるというマニュアル通りにはいかないことが増えるわけです。

得た情報が「うちのコ」に合うか吟味しよう

情報を入手する際の注意点として、次の3点に留意しましょう。

- **情報の根拠が明らかである**
- **情報の源（ソース）がしっかりしている**
- **情報の提供者の身元がはっきりしている**

これらがなければ、たとえ結果が正しくとも、その情報の価値は低いといえます。それぞれの情報に、しっかりとした説明があるかも注意を。いわゆる孫引きなどの転載の可能性が高く、信用性が低いもので、フクロウに対する安全性も低くなります。

何よりも、あなたの信じた情報が万が一間違っていた場合、一番の被害をこうむるのはほかならぬフクロウなのです。

疑問があった場合に回答を得られないようであれば、有用性も低いでしょう。ネットの悪い側面である、匿名で記載されている情報ほど、怪しいものはありません。

また、かわいい画像を閲覧するのは楽しいものですが、個人のブログなどを参考に飼育するのも絶対におすすめできません。各分野の専門家で個人のブログを情報源とする人は皆無でしょう。ネットで検索して、トップに出てくる2～3ページのサイトを見るくらいで勉強したというのも考えもの。

情報収集後は、取捨選択が肝心です。フクロウは生き物であり、同じ個体は2羽といません。たとえそれが正しい情報であっても、個体が違えばあてはまらないこともあるからです。マニュアルなんてものはありません。

情報を集め、うちのフクロウに合うかを考える。これを繰り返し、努力することでフクロウの幸せに一歩ずつ近づいていけるでしょう。

OWL COLUMN

観察力をもって陽性強化！

34ページで紹介した「受け入れてもらいたいこと」と「増した食欲をうまく関連づけること」は、フクロウが食事に執着することを利用したもの。

ヒトとフクロウの距離を縮めるための方法で、「陽性強化」とも呼ばれています。イヌのしつけやトレーニングでも使われます。

フクロウには「嫌がること」をしてはいけないため、基本的に信頼関係を築くには、陽性強化しか用いることができません。

ただし、これをフクロウのことを考えずに無理やり押しつけてしまうとどうなるでしょうか。

変化を嫌うフクロウにとっては、体調がよくないときにはかえって逆効果。また気分によっては陽性強化を拒絶することもあります。

最悪の場合、それを行った飼い主さんを嫌う原因となることも。フクロウのことをまず第一に考え、観察力を鍛えてから無理のない範囲で実践しましょう。

CHAPTER

3

フクロウを迎える準備

いざフクロウをお迎えをする心がまえが
できたら、次は準備です。
迎えたいと思っている子は健康ですか？
しっかりチェックしましょう！

フクロウの育ちについて

お迎え前にきちんと知っておこう

一概にフクロウといっても、大型から小型まで、さまざまな種類がいます。

しかも同一種であっても、どんな繁殖方法で生まれたか、どうやって育てられたかによってまったく違った性格になります。同じ種類であっても、育ち方が違うだけで、別種のようなフクロウになってしまうことも。まさに氏か育ちかといったところでしょうか。

お迎えするフクロウを選ぶときは、種類や値段だけで判断するのはもってのほかです。一生後悔しないためにも、きちんとした知識を身につけておきましょう。

フクロウの種類

繁殖方法の区別	W.C (Wild Caught)	野生捕獲個体のこと。ペットにはまったく適さないので、素人は手を出すべからず！　特に素人が手を出した場合、行く末には“不幸”の二文字しかない場合がほとんどといっても過言ではない。
繁殖方法の区別	C.B (Captive Bred)	飼育繁殖個体のこと。ペットとしての前提条件で繁殖されたもの。飼いやすさは刷り込み（プリント）の質や育て方、年齢などに左右される。
育ち方の区別	刷り込み（プリント）個体	インプリント個体、ハンドレアード個体とも呼ばれる。フクロウの場合、人工孵化もしくは孵化後すぐ取りあげることによって、ヒトに対して刷り込みが入ることを指す。警戒なしにヒトの存在を受け入れてくれる。刷り込みは孵化前の卵内から始まっており、どの段階でヒトが育てるかによっても刷り込みの程度は違う。また、それは個体の性格にも左右される。丁寧に育てられ、刷り込まれた個体は最高のパートナーとなることが多い。一方、刷り込みはよくとも飼育環境に不備が多かったり、飼育者の知識・技術が未熟だった場合などに飼いづらい個体に成長させていることが多く、お金儲け主義のショップには特に注意が必要。
育ち方の区別	ペアレントレアード (parent reared) 個体	飼育繁殖された個体で、親鳥が孵化・育雛した個体。親鳥から離した時期によってヒトへの慣れ具合が違う。
その他	デュアルプリント個体	2つ（dual）のものに刷り込みが入った個体。具体的には、ヒトとフクロウ（親鳥）に対してのケースを指す。知識経験の豊富なブリーダーもしくは優秀な親鳥がいる場合に可能。繁殖には向くとされるが、飼育向きかというとそうでもなく個体の性格に左右されることも。
その他	リプリント個体	何らかの影響で、ヒトに対して刷り込みが入っていなかった個体に、急きょヒトへの刷り込みが入った個体。時折ニュースやテレビ番組で取り上げられる野生個体でヒトに慣れた個体などがこれにあたる。美談化される事が多いが奇跡の産物、まず起こりえない。よって、「野生個体も慣れるんだ♪　飼ってみたい！」などとは絶対に思ってはいけない。

発達した国内での繁殖技術

15年ほど前、売られているフクロウというと、W.Cの羽はボロボロ、ヒトが近づくとバチバチとクチバシを鳴らして警戒するか、恐怖を通り越して全く無関心・無表情を貫く表情のないフクロウばかりでした。

ところが今や、国内の少数の方々の熱心な努力により、種類は限られるものの、国内C.Bの綿綿の雛から入手することが可能になっています。これは本当に凄いことなのです。

フクロウ飼育の過去を知っている人は、フクロウを飼うのは相当難しいという認識を普通に持っており、ある程度の知識も経験もあるとうかがえます。一方、フクロウを飼うのは簡単と言っている人は、おそらく本当のフクロウを知らないのでしょう。

何をお伝えしたいのかというと、フクロウを購入する際に、「誰にアドバイスを求めるか?」を常に意識してほしいということです。

必ず、しっかりとした知識や経験を持った人にアドバイスをお願いするべきです。間違ってもネット上の匿名の人にアドバイスを求めてはいけないし、特に注意すべきは、カフェを含めたフクロウを扱うショップのすべての人が知識も経験も豊富とは必ずしもいえないことです。どちらかというと、知識や経験が豊富な人は少ないでしょう。しっかりと相手を見極める必要があります。特に最初が肝心です。フクロウは飼う前に一生が決まっているといっても過言ではないと私は考えます。

お迎え先が信頼できるか見極めよう

相手が知識を持った信頼のおける人かどうか見極めるには、とにかく質問をいっぱいぶつけること！　知識や経験があれば、通り一辺倒の答えではなく、臨機応変にいろんな対応をしてくれるはずです。その反応を見て、あなたが信頼できる人かどうか判断するのが一番よいでしょう。ただし、そのためには相手が適当なことを言ってないか判断するために、こちらも理論武装することが必要不可欠なのです。

健康なフクロウを選ぶ

フクロウをじっくり観察しよう

まずは、お迎え前に複数のショップやブリーダーに会いに行き、たくさんのフクロウを生で見ます。インターネットや本の情報だけでフクロウを知った気になるのは一番怖いもの。まずは生きたフクロウにきちんと会いに行きましょう。

そして、後述する表情、目、羽などポイントを重点的に観察すれば、大体はよしあしがわかるようになるはずです。

よい状態がキープできているフクロウであれば生き生きとして、神々しささえ感じます。一方、不健康なフクロウは、あからさまに活力がないように見えます。たとえば一日に何人もの知らない人に触れられ、相当なストレスにさらされているなど……。

覇気がなかったりおびえているような姿は、フクロウを飼おうと思っているあなたには、心痛む光景だとわかるはず。フクロウを知ったうえで販売している店かそうでないか、これらを見極めるには慣れが必要なのでは？　と思うかもしれません。でも、このチェックポイントは、やがてあなたが飼い主さんとなったあとの、日々の健康状態のチェックに通ずるもの。今後の生活に必要な「フクロウを見る目」をここで養っておきましょう。まずは飼い主さんがたくさんのフクロウと会って必要な技術と知識を身につけるのです。

Three of Health check

フクロウの状態を見分けよう

目、表情・しぐさ、羽の3つのポイントを紹介します。

1. 目

フクロウの表情を決める大きなチャームポイント。健康を表すカガミです。

「目ヂカラ」が命!!

「目は口ほどにものを言う」という言葉はフクロウにも当てはまります。健康なフクロウの目は、大きく透き通って瑞々しいもの。フクロウの頭を真上から見ると顔の輪郭から目が飛び出しているのが通常です。環境が悪いところで飼育されている場合は、目を大きく開こうともしません。いつ見てもあまり目を開いていないような個体は要注意です。

脱水状態のニュージーランドアオバズク。目の周囲に張りがない。

POINT

目は「脱水」を表す

ほとんどの鳥類と同じように、実はフクロウも水をよく飲む生き物です。水を自由に飲めないような不適切な環境で育つと、脱水を起こします。脱水の指標になるのが目。病気との関連性が高いので、我々獣医師が必ずチェックする部分です。脱水を起こすと目は落ちくぼみ、奥まった感じになります。フクロウらしい、いわゆる飛び出した感じの目ではなくなります。さらにひどくなると、目の周囲（アイリング）も張りがなくなり、シワシワに。意外と知られていない脱水の兆候です。

2. 表情・しぐさ

フクロウもヒトと同じように喜怒哀楽を表します。

フクロウからのサインと環境に注目を

興味があるものに反応したり、羽や足を伸ばしてリラックスしているのは、心身ともに健やかな証拠です。喜びや甘えを表すために大きな声で鳴くこともあります。反対に、表情を曇らせ、目を半開きにしたり閉じたりしているのは居心地が悪いことを表しています。びっくりしたような顔で瞳孔を大きくしてこっちを見ているのは威嚇のサイン。もしくは接近を拒否しています。こうした小さな「悪いサイン」を読みとれないと、フクロウに嫌な思いをさせ続けることになります。これが積み重なると、フクロウは表情を曇らせ、何事にも微動だにしないことに徹してしまいます。フクロウは頭のよい生き物なので、抵抗・主張が無駄だとわかれば諦めてしまうのです。こうした環境にいるフクロウかどうかも、しっかり見極めが必要です。

3. 羽

体の栄養状態が表れやすい場所です。

健康な鳥は
頻繁に羽づくろいする

まずは全体的な羽のコンディションを見ましょう。そもそも、健康的な鳥の羽には艶と光沢があり、フワッ、サラッとしています。健康な鳥は、頻繁に羽づくろいを行います。羽は一枚のように見えますが、実際は微細な繊維の集合体。そのコンディションを保つのが、尾脂腺から出る「アブラ」と「脂粉」と呼ばれるパウダー状の粉です。太ったフクロウなどは、体羽がベトベトしていることが多くあります。皮脂腺は発達していないので、おそらくは尾脂腺のアブラの質が悪くなったか、過剰に羽づくろいを行ってアブラを塗りすぎているのかもしれません。

風切羽と尾羽を
チェック！

羽は鳥が飛ぶために重要なもの。飛翔羽と呼ばれる風切羽には２種類（初列と次列）があります。羽は通常１年で生え換わります。注目すべきはその先端部分のダメージ。落ち着いた理想的な環境にいるフクロウの羽は、少々のほころびはあっても綺麗で整っています。一方、不適切な環境にいる鳥はことあるごとに暴れ、その度に羽が傷つきます。繋がれている場合は、暴れるたびに紐が尾羽と接触してしまいます。これを繰り返すと、羽がボロボロの、みすぼらしい姿に……。羽があまりにもひどいフクロウとその環境には要注意です。

風切羽

尾羽

どこから迎えるか

フクロウをどこから迎えるかは重要な問題。これには、やはり飼い主さんが状態のよいフクロウを見極める選択眼が必要です。

次の3点がポイントです。

① ショップ・ブリーダー選び
② フクロウ選び
③ 飼い主さんの準備が整っているか（知識・迎え入れる環境）

よいショップ、よいブリーダーを見極めて

フクロウはまだわかっていないことも多く、ペットとしても歴史が浅い生き物です。専門店と銘打っているショップでも、勘違いをしていることもあります。ここで大事なのは、やはり飼い主さんとショップとの信頼関係です。実際の会話の中で、信頼できるかを確かめてください。フクロウの個体差を理解しているか、モノのように扱っていないか、など気になることはしっかりと質問し、納得のできる答えを得られた人を選びましょう。たとえば、肉色当て（90ページ参照）ができなかったり、ホコ飼い（73ページ参照）を推奨するショップは論外です。

自分に合ったフクロウを選ぶ

実はこれが一番厄介かもしれません。同じ種類でも性格も違うし、40ページで説明したように、育ちにも影響されます。

もし可能ならば、雛の状態で迎え入れられればベストでしょう。

ただし、「可能な限り」というところがミソで、たとえば飼い主さんの技術や仕事などの時間的な制約があるにもかかわらず、幼すぎる雛を迎えるのはNGです。雛も乳幼児も手間暇がかかるのは同じなので、幼すぎるとその子の性格がわかりません。生まれつき臆病な子は特に環境に気をつけてあげなければいけないし、大食漢の子は太りすぎに注意です。

ただ、解っているより解っていない方が育てる楽しみもあることでしょう。「どんな子に成長するんだろう♪」と期待するのは、これも生き物を飼う醍醐味のひとつではないかと思います。

また、雛の迎え先として一番の

おすすめは、ブリーダーや繁殖をしているショップから迎え入れること。無垢な雛の状態で変な癖もついておらず、実績のあるところであれば、人に対しての刷り込みがしっかりと入っています。毎年のように繁殖しているところであれば知識・技術はお墨つき。店側のこだわりや癖があったとしても、これから先のこともアドバイスしてもらえます。

アフリカワシミミズクの雛。綿綿の幼羽は雛ならでは。

妥協はNG

一番してはいけないのが、飼い主さんの「妥協」。飼いたい種類がいれば、何年も待つくらいの心がまえが必要です。フクロウは長生きします。曖昧な気持ちは飼育の手抜きにつながるばかりでなく、そのフクロウに対するdisrespect（失礼）。妥協するくらいなら絶対に飼うべきではありません。いや、フクロウを不幸にするために飼うのは反対です。

同じように、値段で決めないことも大事です。いい環境で育ったフクロウは、それなりの手間暇がかかっているから、値段が高くて当たり前のことでもあります。もちろん、わざと高く売ろうとする業者は論外です。

あなたが一生を見届ける覚悟があるか、そしてフクロウの人生を幸せにできるかどうかを自問してから、飼うべきなのです。

From Dr.Izawa

フクロウカフェへの提言

ペットとしてあまり歴史がないフクロウが最近注目されたのは、皆さんご存じのとおり、フクロウカフェの影響が強いでしょう。実際にフクロウを見て、「こんなにかわいいんだ」「えっ、フクロウって飼えるの!?」と思った方が多いと思います。

しかし、ここまで述べてきたように、フクロウは周囲の環境が非常に大事な生き物。そして「ひっそりと」生きていたい生き物なのです。

こうした生態と照らし合わせてみると、昨今のフクロウカフェなどのショップの形態は、本当にフクロウに適しているといえるでしょうか？

個人的にはフクロウのことを考えると、悲惨ともいえる状況にとても悲しくなります。

もちろん、すべてのショップがよくないというわけではありません。誠実なショップもあれば、そうでないショップもあります。そもそも、生き物をビジネスにすることがどうなのか、と考えていけばきりがないでしょう。ただ、フクロウについては特に不幸な状況が続いているということを皆さんにお伝えしたいのです。

多くのショップでは、フクロウたちはホコ（73ページ参照）に繋がれています。そうしたフクロウたちの様子をよく観察してみてください。

たとえば、人が近づくと目をつぶったりして、あからさまに険しい顔をしている個体がいませんか？　飛び立とうとして、暴れている個体はいませんか？

もしくは、無表情で覇気がないかもしれません。ほかのフクロウと翼を広げてケンカをしているシーンも見かけなかったでしょうか……。

これらはすべてフクロウがストレスを感じている証拠です。水も自由に飲めない環境で、ただ無表情なピリピリとしたフクロウがいる空間……。楽しんでいるのはフクロウではなく、周囲の人々だけ。私の目にはまるでフクロウの強制収容所のように映ります。

もちろん、なかには健康な個体やその状況にうまく慣れている個体もいることでしょう。そうした個体やショップが増えていくことを切に願っています。

そして、フクロウカフェやショップの方にこの本を手にとってもらえると幸いです。少しでもフクロウ界の現状が改善されることを祈っています。

From Dr.Izawa

命の浪費をとめよう

繰り返しになりますが、生き物を飼う上で衝動買いは決してやってはいけません。ことフクロウに関してはなおさらです。「フクロウを飼ってから、あれこれ揃えればいいや♪」なんて考えが間違っていることは説明した通りです。生活空間である環境を気にするフクロウにとっては、すべてを整えてからお迎えしなくては意味がないのです。

フクロウが不幸になるだけでなく、飼い主さんも不幸になります。準備が整っていない状態でお迎えしたことでフクロウの巣立ちを誘発してしまい、飼い主さんになつかなくなる場合があるのですから。せっかくフクロウとの楽しい暮らしを夢見ていたのに、自らその手立てをつぶすことはありません。しっかりと準備をしてからお迎えをするようにしましょう。

また、もう1つやってはいけないのが、「女の子買い」というもの。女性に多いのでこう呼ばれていますが、言葉は悪いかもしれません。実はこれ、「ショップで見かけたかわいそうな動物をつい購入して連れて帰ってしまう」という行為。

健康状態の悪さやショップでの飼育環境があまりにもひどく、見るに堪えないので、お金を出して引きとった心優しい飼い主さんともいえます。

けれど、これは決してやってはいけないことなのです。

なぜなら、不誠実なショップに利益を渡し、結果として次の不幸なフクロウを増やしてしまう行為だからです。

目の前のかわいそうな一羽を救うのは決して悪いことではありません。でも、フクロウ界全体のことを考えてみましょう。不誠実なショップは利益が入らなければ、自然となくなるはずです。なぜフクロウが売れないのかを考え、環境を改善するショップこそ、生き残るべきショップです。正しい努力をすれば、お客さんはついてくるのがビジネスというものでしょう。

フクロウが好きだからと、純粋な気持ちでこの本を手にとってくださった皆さんには、ぜひともフクロウを悲惨な目に合わせているようなショップは応援しないでほしいのです。

空前のフクロウブームの陰には、ただ生かされ、喜びも楽しみもなく、ひっそりと星になるフクロウがどれほど多いことか。残念ながら、獣医師として目の当たりにしてきた現実です。

一羽でも健康に長生きしてもらうためには、今の状況を改善しなければいけません。

命の浪費ともいえる状況の改善は、これからフクロウを飼おうとする皆さんの努力次第ではないかと思う、今日この頃です。

OWL COLUMN

複数羽飼いは控えて

最近のショップやカフェでは同じ空間に多数のフクロウが同居する形態が見られます。これは販売・展示が目的のためです。こうした状況を参考に、「フクロウは複数羽飼いできる」と思った人がいるのではないでしょうか？

繰り返しになりますが、フクロウは単独生活で縄張りを重視する生き物。同じ部屋にライバルとなるフクロウがいては落ち着けるはずもありません。ましてや体格の違うフクロウを同居させたりなんてもってのほか。可愛い顔をしたフクロウも、フタを開ければ肉食の捕食鳥です。痩せて空腹になれば隣のフクロウは餌にしか見えなくなります。一番やってはいけないのは２羽で同居させること。最もストレスを感じさせる飼育法になってしまいます。

フクロウという生き物、そしてその個体の性格をしっかりと理解してあげましょう。大事なのはフクロウが安心して過ごせる空間を作ることなのです。

CHAPTER

4

ともに暮らすフクロウを選ぶ

手に入るフクロウの種類は
大型から小型までさまざま。
あなたが迎え入れたいのは
どんな子ですか？

さまざまなフクロウ

人気のフクロウたちをご紹介。これがすべてではなく、
ショップやブリーダーによって、入手できる種類はさまざまです。

ここで紹介する種類は日本もしくは海外で繁殖され、雛の状態で迎え入れることができる種類です。初心者ほど雛で迎え入れるべきというのは説明した通り。繁殖されていて手に入りやすい個体ということは、すなわち飼いやすく、それぞれの種類の特徴もある程度わかっていることを指します。逆に、ここに記載されていないようなとてもめずらしい種類は、はじめてフクロウを飼う人には適さないでしょう。

フクロウは基本的に小型ほど飼育難易度が高くなります。また、寿命は本来なら小型でも20年、大型なら40～50年も生きます。とはいえ、2～3年で死なせてしまうケースが本当に多いのです。どの種類でも、フクロウが健康的に快適に生活できるように飼育するのは、難易度が高いということを忘れないようにしてください。

また、日本には野生のフクロウがいます。ウラルフクロウやアオバズク、コミミズク、トラフズクなどです。こうした野鳥は本来、流通させてはいけないものです。密猟・密売に値します。とはいえ、残念なことにフクロウの密売があとを絶ちません。日本に住む種類のフクロウをお迎えするときは、そのショップがきちんと領収書を出すか、もしくは輸入証明書（日本だけでなく海外にもいる種類もいるため）を提示するかを確認してください。領収書を断るショップは、間違いなく密売に関与しています。不幸なフクロウを増やさないように、お迎えする側も気をつけましょう。

めずらしいフクロウ

少しめずらしいフクロウたち。
ショップによって入手可能です。

ニュージーランド アオバズク

フクロウ目フクロウ科アオバズク属。アオバズク属は、丸い形の頭が特徴的。

クロオビヒナフクロウ

フクロウ目フクロウ科フクロウ属。南米出身。フクロウの中では比較的めずらしい、黒い体が特徴。

ウサギフクロウ

フクロウ目フクロウ科ジャマイカズク属。うさぎのような大きな羽角が特徴的。非常に神経質な性格。

シロフクロウを飼うには？

シロフクロウを日本で飼うには、常時エアコンでの温度管理が必須条件。暑さに極端によわいため、24時間・365日の温度管理は絶対です。カラフトフクロウも同じことがいえます。専用の部屋、もしくは小屋が必要です。

シロフクロウ

フクロウ目フクロウ科ワシミミズク属。北極圏を中心に生息する。見た目で雌雄が判別できる。オスのみ、ほぼ真っ白な体色になる。

カラフトフクロウ

フクロウ目フクロウ科フクロウ属。豊かな羽毛と長い尾羽で、体の割にはとても大きく見える。発達した顔盤が特徴。

ヨーロッパから南北アメリカ、オーストラリア、アジアと幅広い地域に生息する。好奇心も強い傾向にあり、流通量も多いため、さまざまな個体から選ぶことができる。本来は日中も行動する習性をもつため、比較的飼いやすい種類といえる。

メンフクロウ

科目 フクロウ目メンフクロウ科メンフクロウ属

学名 *Tyto alba* **英名** Barn Owl

小さな羽角が特徴的。敵が近づくと、体を細くする習性をもつ。好奇心が強い傾向にあり、コミュニケーションがとりやすい個体も多い。

アフリカオオコノハズク（キタアフリカオオコノハズク）

科目 フクロウ目フクロウ科コノハズク属

学名 *Ptilopsis leucotis*

英名 Northern White-faced Owl

ヨーロッパコノハズク

科目 フクロウ目フクロウ科コノハズク属
学名 *Otus scops*
英名 Eurasian Scops Owl

コノハズク属のなかでも、神経質な性格の個体が多い。

インドオオコノハズク

科目 フクロウ目フクロウ科コノハズク属
学名 *Otus bakkamoena*
英名 Indian Scops Owl

コノハズク属のなかでは、アフリカオオコノハズクに次いで好奇心が旺盛。黒目がちの瞳が特徴。

ニシアメリカオオコノハズク

科目 フクロウ目フクロウ科コノハズク属
学名 *Megascops kennicottii*
英名 Western Screech Owl

物怖じしない性格の個体が多い。

フクロウ属は大きな丸い瞳が魅力的。モリフクロウはヨーロッパに生息する、代表的な種類。我が強い性格の個体が多いため、特に環境を重要視する必要がある。

モリフクロウ

科目 フクロウ目フクロウ科フクロウ属
学名 *Strix aluco*
英名 Tawny Owl

南アメリカ出身。丸みをおびたフォルムが愛らしい。

アカアシモリフクロウ

科目 フクロウ目フクロウ科フクロウ属
学名 *Strix rufipes*
英名 Rufous-legged Owl

北ヨーロッパから日本まで幅広く生息する。日本のものは、和名で「フクロウ」と呼ばれている。日本人がフクロウと聞いて、一番イメージしやすい種類。ただし、流通量は少ない。

ウラルフクロウ

科目 フクロウ目フクロウ科フクロウ属

学名 *Strix uralensis*

英名 Ural Owl

ナンベイヒナフクロウ

科目 フクロウ目フクロウ科フクロウ属

学名 *Strix virgata*

英名 Mottled Owl

顔に白い班が入っているのが特徴的。大きな黒い瞳が人気。

コキンメフクロウ

科目 フクロウ目フクロウ科
コキンメフクロウ属

学名 *Athene noctua*

英名 Little Owl

コキンメフクロウ属は、英名の通り小型。丸い頭と瞳が特徴。コキンメフクロウはヨーロッパから中国まで幅広く分布する。やや気が強く、食欲旺盛な個体が多い。

インドを中心に一部地域に生息する。コキンメフクロウよりもやや小さい。英名の通り、羽の斑点が特徴的。

インドコキンメフクロウ

科目 フクロウ目フクロウ科
コキンメフクロウ属

学名 *Athene brama*

英名 Spotted Owlet

ワシミミズク属は、大きな羽角が特徴。出身地によって、大きさが異なる。アフリカワシミミズクはワシミミズク属の中でも比較的小型。サイズや性格面でも比較的飼いやすいが、このサイズまでが日本の一般家庭で飼えるフクロウの限界ともいわれる。

アフリカワシミミズク

科目 フクロウ目フクロウ科 ワシミミズク属

学名 *Bubo africanus*

英名 Spotted Eagle Owl

ベンガルワシミミズク

科目　フクロウ目フクロウ科
ワシミミズク属

学名　*Bubo bengalensis*

英名　Indian Eagle Owl

インドを中心に生息する。ワシミミズク属の中では中〜大型。好奇心が強くコミュニケーションがとりやすい。ただし、サイズが大きいので、ある程度の大きさの設備を設ける覚悟が必要。

ワシミミズク

科目　フクロウ目フクロウ科
ワシミミズク属

学名　*Bubo bubo*

英名　Eurasian Eagle Owl

ワシミミズク属の中では一番大きい。一般家庭では、まず飼うのが難しく、基本的には飼えないサイズ。

灰色の羽毛と、黒目がちな瞳が特徴。性格はやや内向的な個体が多い。

アビシニアンワシミミズク

科目　フクロウ目フクロウ科
ワシミミズク属

学名　*Bubo cinerascens*

英名　Greyish Eagle Owl

OWL COLUMN

フクロウは繋ぐ？　繋がない？

次の章から飼育スタイルについて説明します。飼育についてよく聞かれるのが掲題の件。しかし、この質問に対して言えることはただ一つ。その子に合う方法であればどちらでもよいのです。

たとえば、ヒトに慣れていて、環境も適切なら繋ぐことに大きな問題はありません。もしかすると、繋がれているときと自由にされたときのメリハリができ、フクロウの行動が理解しやすくなるかもしれませんね。

一方、ヒトにも慣れておらず、環境も不適切なら絶対繋いではいけませんし、そんな状況にフクロウを置くのは言語道断。その場から逃げ出そうと何度も暴れ、繋がれた足は擦り切れ、そして最後はフクロウの足の骨か心が折れてしまうでしょう。

フクロウのことを考えればわかることです。もっと、フクロウが我々と同じ感情がある、血の通った生き物だとしっかりと理解してあげてほしいと思います。

CHAPTER

5

フクロウの住処を準備しよう

さまざまな飼育スタイルがあるのが
フクロウ飼育のむずかしさ。
フクロウが幸せになれることを
第一に、考えましょう！

飼育スタイルを考える①

さまざまな飼育スタイル

だれしも、「フクロウをこう飼いたい！」というイメージがあるはずです。ただし、これまでに述べてきたように、フクロウのことを考えずに決めてはいけません。

まずはどういう飼い方があるかを紹介しましょう。それには、フクロウとどう接するか、そして、フクロウがどう暮らすか、の両方の側面から考える必要があります。

フクロウの飼育スタイル	
接し方	観察飼育型
	コミュニケーション型
暮らし方	ケージ（小屋）飼い
	繋留《けいりゅう》飼い
	自由放鳥

接し方① 観察飼育型

簡単に言うと、動物園のようなスタイルのこと。ある程度の広さがあるケージ（小屋）を用意し、ヒトとのかかわりを極端に減らした飼い方です。これは、W.Cの成鳥やヒトを嫌いになってしまった鳥に向く方法で、給餌と掃除以外のかかわりを極端に無くすことが重要な点。飼育形態の中で最もフクロウのストレスを減らせることができる反面、健康チェックはほぼ不可能です。繁殖させるときにも適しますが、このスタイルに繋留《けいりゅう》（繋いで飼うこと）は不向き。飼い主さんとのコミュニケーションもほぼゼロだと理解しましょう。

接し方② コミュニケーション型

雛ならば問題ないですが、成鳥は初めてフクロウを飼う人には難しく、相応の努力が必要だと覚悟しましょう。重要なことはフクロウが許容してくれるかどうかです。

また、フクロウの個性にもよります。幸運にも人を許容してくれやすい性格の子ならば可能です。健康管理もしやすく、最もよい方法ですが、初心者には到底不可能。上手くいくのはフクロウの頭の中が雛の状態である時のみでしょう。雛の時期限定でとるのならいいかもしれません。それ以降は一定の距離を置いた、いわゆる大人のつき合い方が大切です。

From Dr.Izawa

コミュニケーション型のケース

フクロウを飼いたいと思った人のほとんどが思い浮かべる飼育スタイルだと思いますが、そう簡単に行えるものではありません。次のポイントを常に頭に置いておきましょう。

①フクロウが安心できる環境を整える

②頭の中を子どものまま（独り立ちさせない）、もしくは飼い主さんがパートナー（つがい相手）となる

③しっかりとした信頼関係を築くこと

①の環境は生活の基本。環境によるストレスがなければ、興味は周囲に向き、行動的になるはずです。好奇心の強い性格なら、フクロウからコミュニケーションをとってくるでしょう。逆に、神経質な個体や、ヒトに対して嫌なイメージを持っている個体は、そうではありません。しっかりと見極めることが大事です。

②は単独生活者であるフクロウの例外的な行動を利用したもの。独り立ちさせないためには、自分で獲物（餌）を捕れない状態を維持し、親代わりの飼い主さんを頼らせるように仕向けます。

また、部屋にいるのはフクロウだけ、という時間を減らし、なるべく一緒にいる時間を増やすのが独り立ちさせないコツです。そうすれば体は大人になってもいつまでも親鳥（飼い主さん）に甘えます。人のパラサイトシングのような感じですね。

もし独り立ちしてしまったとしても、飼い主さんをパートナー（つがい相手）と認識してもらえば、親密な関係が保てます。

ただし、つがい相手は一人だけのことがほとんど。認められた人以外の家族（ヒト）は部外者＝他人です。威嚇や攻撃などの排他行動をとる場合が多くあります。仲良くなるのは諦め、なるべく近づかないようにしましょう。

ただ、フクロウの気持ちが変わることもあるかもしれません。嫌われないように心がけながら気長に好みが変わるのを待つのも一つの手です。

最後の③が一番重要。毎日丁寧に接することを心掛け、嫌われないように細心の注意を払いましょう。基本的なことですが、これにより少しずつフクロウに信用され、飼い主さんが受け入れられてくるはずです。コツコツとしたこの積み重ねが、やがてはしっかりとした信頼関係に結びつきます。一度強固な関係を築くことができれば、ちょっとやそっとでは崩れません。

つまり、そう簡単には嫌われはしないということです。ヒトだって、もし同じ嫌なことをされたり言われたりするのが、会って間もない人と、昔からの大親友とではその印象が大きく違うはず。それと同じことです。

焦らず、ゆっくりと時間をかけてしっかりとした絆を育んでください。そうすれば、外に連れ出したり、ときには軽く叱ったり……なんてことも可能になります。

ただ、間違っても、迎え入れてすぐのフクロウを外に連れ出すなんて愚行はしないように……!!

飼育スタイルを考える②

暮らし方①
ケージ（小屋）飼い

ある程度の広さのケージを自分の住処、もしくは寝床と思わせる方法。広さがあればフクロウの自由度も高く、快適な環境を作りやすいのが特徴です。

ただしその反面、ここだけを自分の縄張りだと思わせるような接し方をすると、ヒトに馴れなくなるというリスクもあります。具体的には、ケージ外で嫌な思いばかりさせてしまい、ケージだけが自分の安全な場所だと思わせるような接し方をしてしまうことです。

または、部屋全体を縄張りとさせ、ケージを単なる寝床と仕向ける方法もあります。その際、ここでは絶対にフクロウが嫌がることをしてはいけません。なるべく高い位置にケージを置いてあげるのもポイント。特に掃除の際は、脱走はもちろん、ストレスを与えないよう極力注意しましょう。

暮らし方②
繋留飼い

現在、最も一般的な飼育スタイルです。けれど、残念ながら最も勘違いされている方法ともいえます。

71ページで後述するように、繋ぐ形態にもいくつか種類があります。

まず、繋留してよいのは、ある程度ヒトや環境にも馴れているフクロウのみ。繋留の際に足につけるアンクレットでケガや骨折に至る事故が最も多いのです。

繋留飼いはほかの猛禽類では一般的な方法。しかし、フクロウは環境が命と何度も言うように、繋がれていることを忘れさせるような繋留法および場所選びをすることがポイントとなるのです。

繋留がうまくいけば、繋いだところにじっといてくれることになるため、事故も少なく管理しやすいという利点があります。この「嫌がらずにいてくれる」という状況をつくるのがミソです。

タカやハヤブサでは訓練・調教には必須の方法ですが、フクロウに関してはいきなりの初心者には難しい方法ということがご理解いただけるかと思います。現在の多くのフクロウは仕方なく繋がれた状況を我慢しているだけの場合がほとんどなのです。

暮らし方③
自由放鳥

自由に動ける環境に居るフクロウは生き生きとしていて見ていて楽しいもの。自由放鳥は、実現できれば一番理想的な飼い方といえるでしょう。しかし、飼い主さんがよほど目を光らせていない限り、とてもリスクが高いものということも理解しておいてください。

自由放鳥は、フクロウにとって最も自由度が高いのですが、事故のリスクも高いのです。フクロウで起こる事故で多いものが「誤食・誤飲」。事故とはいうものの、120%が飼い主さんの責任によって起きるものです。残念ながら、フクロウには何が危険で安全かを判断できません。物が雑多に置いてあり、放鳥時に目を離すような状況では、非常に危険です。

飼い主さんが細心の注意を払ってあげるからこそ、安全に自由に伸び伸びと生活できるのです。フクロウの誤飲は、ヒトの子どもがライターで遊んで事故を起こすのと同じことだと認識しましょう。

つまり、フクロウの自由度が高い分、上級者向けであるということです。また、家を留守がちにするヒトにも向きません。ヒトがいないときにフクロウだけを家に残すと、フクロウはその空間を自分だけのテリトリーと思い込む傾向が強くなります。

フクロウとヒトが幸せになる暮らし方を

ここまで、さまざまな飼育スタイルを紹介しました。それぞれの飼育スタイルには良いところも悪いところも、はじめてフクロウを飼う人にはとても難しいこともあります。少しデメリットを強く書きすぎたかもしれません。読者の中には「じゃあ、どうすればいいの？」と思った人もいることでしょう。しかし残念ながら、そう思ったヒトは、フクロウを飼わない方が賢明なのかもしれません。

重要なのは自分がこう飼いたいから、フクロウが快適に過ごすためにはどう努力・工夫をしようか、と考える姿勢です。もちろん、フクロウの個性を考えることを忘れずに。フクロウを飼うのは簡単なことではありません。本当に飼いたいのならしっかり勉強し、フクロウと向き合うことが必須条件なのです。中途半端な気持ちや行動はフクロウを不幸に導くこととなります。厳しい言い方かもしれませんが、それを決して忘れないでください。

居場所を決める

場所と飼育スタイルを事前に考えよう

フクロウにはさまざまな個性があるため、一概にこれがよい飼育スタイルだ、と言い切ることは難しいと考えます。

ここで紹介するのは、ほとんどのフクロウが受け入れてくれるであろう、「ストレスを受けにくいと考えられる環境を整える方法」です。繰り返しになりますが、フクロウにとっては環境が一番大事で、命にすらかかわることなのです……。

フクロウを迎え入れる際に重要なポイントは2つ。

①場所
（フクロウがいる位置と高さ）

②飼育スタイル
（観察飼育・コミュニケーション）

「ひっそりと」した場所にフクロウの居場所を

まずは、フクロウを家のどこで過ごさせるかを考えましょう。どこかに繋いで飼うにせよ、ケージの置き場所にせよ、大事なのは「場所」なのです。

フクロウという生き物は基本的に「ひっそりと」生きていたい動物であることをお忘れなく。その気になると、あちこち移動するもので、ふだんは「ひっそり」が基本。いかに「ひっそりと」過ごさせるかがキーワードなのです。

家の中でもなるべく落ち着いて静かな場所が最適でしょう。間違っても部屋のど真ん中など、ヒトの動線付近はNGです。なぜなら、フクロウにとって360度、絶えず注意をしなければいけない環境ほどつらいものはないからです。いくら首がよく回るフク

ロウとはいえ、そんな状況で落ち着けるはずはなく、また、絶えずヒトが動く場所ではゆっくりくつろげるはずもありません。ヒトだって、書斎や寝室は「ひっそりと」した場所につくるはず。多くの方は「いっしょに過ごせるリビングで♪」なんて妄想にふけるかもしれません。でも、はっきり言うとフクロウの飼育にはあまり適さない場所なのです。しかもそういう場所にはお客人もやってきます。自分の縄張りに知らないヒト!!　前述のように、フクロウにとってはストレスの極みです。

ただ、フクロウもヒトに馴れ、飼い主さんもある程度、知識も技術もある人ならリビングも選択肢になりえます。その場合、ヒトの動線から外れた部屋の隅がよいでしょう。そうすればフクロウは背面を気にする必要はなくなり、正面左右と上方向のみ注意を払えばよく、過ごしやすいといえるでしょう。

ただ、来客の際は急にお客さんと顔を合わせないように。当日のフクロウの様子を観察しながら、無理のない範囲にしましょう。

ヒトの目線より上の位置がベストポジション

慣れていない・落ち着かない環境に置かれたフクロウは、飛んで逃げます。嫌なことから逃避しているのです。これはフクロウに限らず、インコなども同じで、鳥類の特徴です。

では、「閉鎖された部屋」という空間だったとしたら？　フクロウになって考えてみましょう。

上方向は天井があるので、敵が襲ってくるようなリスクは皆無。となると、地上からの敵に注意さえすればOK。だとしたら？　答えは簡単！　フクロウは必ずと言っていいほど、高い場所にとまろうとするのです。

すなわち、迎え入れたフクロウの居場所の高さは、なるべく目線くらいから上にしましょう。

反対に、決してやってはいけないのは、迎え入れてすぐや、ヒトに馴れていないフクロウを、上からヒトがのぞきこむこと。つまり、床に近い状況で繋いで置いておくスタイルです。多くの生き物は、上から何かされるということを極端に嫌がります。ヒトの最良のパートナーであるイヌでさえそうなのですから、環境を変えてすぐのフクロウにはもってのほか。新たな環境に良いイメージを持ってもらうことが最重要課題です。

ヒトに馴れているインコのような小鳥でさえ、些細なことでも嫌なイメージがついて信頼関係が崩れることがあります。鷹匠も最初の段階でホコに繋ぐ「懐《なつ》け」のときには、必ず鳥がヒトの目線の上にくるように繋ぎます。原理はフクロウも同じこと。もちろん、当院の入院患者さんたちに対しても、一番注意している点です。

繋留飼いの道具

事故やロストに要注意！

前述したように、最近ではフクロウを繋留飼いすることが一般的です。フクロウのお迎え先で道具を手に入れ、あらかじめ家に用意し、環境を整えてからフクロウを迎えましょう。

また、繋留に関連する多い事故は、先にも述べた暴れることによる外傷・骨折。ほかにも、初心者が起こしやすい事故として、足やパーチに紐が絡むこと。

繋留飼いをする場合は、フクロウのお迎え先からしっかりとアンクレット類の使い方を教わりましょう。紐が外れて、フクロウがロスト（迷い鳥）になると、ほぼ帰ってくる可能性はありません。

アンクレット類

繋留には欠かせない

アンクレット（足革）に、ジェスやリーシュなどをつけて繋留するための道具です。リーシュは登山用のナイロン製のものが多く流通しています。

リーシュ

左は大型、右は小型用のもの。長さや太さは、フクロウに合ったものになるようきちんと相談してから購入を。

アンクレット（アイルメリ）

繋いで飼う際には必須の装着具。一般的にはアンクレットをフクロウの足につけてからハトメで留める方法が主流です。しかしこの方法だと、フクロウに負担がかからないような保定が必要で、さらに専用の器具も必要。個人で装着するのは困難です。このため、飼い主さんは買ったお店に頼んでいることがほとんどだと思います。ただ、これは一つの方法に過ぎず、ほかにも方法があります。右の写真のような和式の足革やフォルスアイルメリなどもあります。これらはすでにハトメがついているので、革をフクロウの足に沿わせて折りたたむだけで装着可能です。事前準備も可能なうえ、うまく保定できるのであれば、自宅でも行えます。

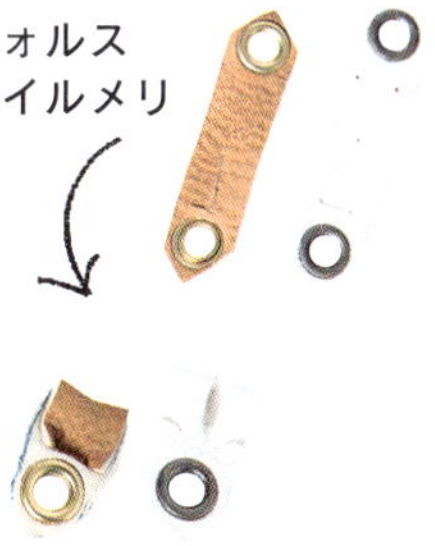

フォルスアイルメリ

折りたたんだところ

和式の足革の応用

足につけたところ

ブロックパーチ

板金屋さんに特別発注したもので、理想的な重さ。リングにはリーシュをつなぐ。可動範囲には要注意。

簡易的なもの。小型種向き。

フクロウの止まり木

ハヤブサで使われている一般的なもので、優勝カップの上にフクロウに居てもらうような形態です。円筒形のモノもこれと原理は同じ。ハヤブサ同様フクロウも排泄物はほぼ真下に落とすので管理しやすいです。パーチは地面に固定するか、フクロウが飛び立とうとしても動けないぐらい重いものを。特に大型種は要注意。排泄物で台座の部分が汚れやすいので、掃除はこまめに。パーチの下や台座に新聞紙やペットシーツなどを敷くとよいでしょう。台座部分も人工芝のものが多いので、掃除をこまめにし、張り替えも行うこと。長所は、フクロウがあらゆる方向を向くことが可能なので、台座が大きいものを選べば、リラックスを表す「アヒル寝」も可能で、自由度が高くなります。

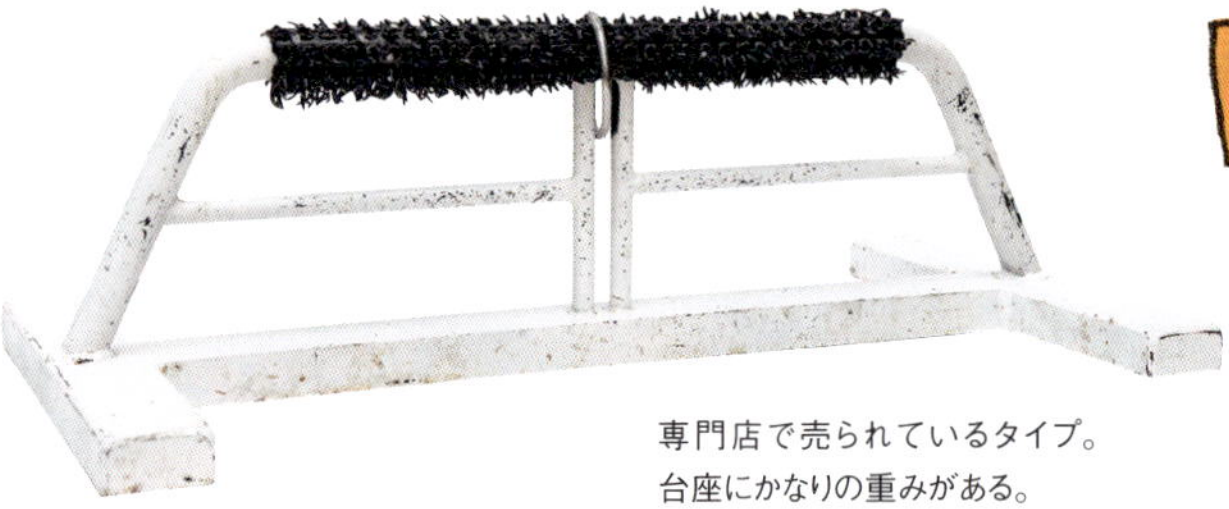

専門店で売られているタイプ。台座にかなりの重みがある。

ボウパーチ。止まる部分が弓状の形をしている。

ボウパーチ

しっかりとした重さが利点

弓状のパーチ。弓の弧の部分にフクロウが留まる形になります。ブロックパーチと同様、しっかりとした重さが必要です。長所はアーチ状の頂点にフクロウが留まる形となるため、真下に新聞紙やペットシーツを敷くことが可能で排泄物の管理がしやすいこと。また、その形状上、転倒という事故の可能性がほぼありません。

短所はフクロウにとって自由度が低いこと。アーチの頂点に絶えず居ることになり、フクロウの向く方向も限られます。休息のためにアヒル寝するには地面に降りなければなりません。パーチ周辺の環境を含めて自分のいつもいる場所となるため、ブロックパーチよりもパーチ周囲の環境をしっかりと整える必要があります。

POINT

道具選びは慎重に!!

このほかにも、壁から棚が突き出したようなシェルフパーチ、円形のパーチなどがあります。パーチ類はもともと、タカやハヤブサの飼育のためにつくられたものがほとんど。タカはフクロウに比べて飼育歴が長いのにもかかわらず、こうしたパーチが一般的でないのは、それなりにデメリットがあったからでしょう。また、重さが必要なパーチは自作するのがとても難しいもの。事故があってからでは遅いのです。特にフクロウは、その環境で嫌な思いをすればその場所も嫌いになってしまいます。慣れるまでは一般的な方法・モノを使うことをおすすめします。

ここをチェック

- □ フクロウに対して紐の太さや長さが適切か
- □ パーチの大きさ、太さが適切か
- □ 使われている人工芝に紐がからまないか
- □ 繋留はフクロウが安心できる場所で!

From Dr.Izawa

“ホコ”は飼育に不向き

スクウェアパーチとは、四角い板状の構造物の上辺にフクロウをとまらせるものの総称です。日本の鷹匠が「訓練に使用する」ものをホコと呼んでいます。昨今、このホコを使ってフクロウを飼育しているのは、タカを飼う流れで使用されているのだと推測されます。しかし、このホコは本来、人のそばで飛び立って逃げようとする鳥を飛ばないように訓練するためのもの。いわば「罰」を与える仕掛けになっているのです。

たとえば、ホコにとまったオオタカが飛び立とうとして暴れても、飛べずに、そのままホコにぶら下がる状態に。さらに、元の位置に戻るのにもひと苦労です。「ここで飛べば罰になる」ということを鳥自身に学習させるための道具なのです。したがって、これは訓練であり、そこに繋がれているときは大人しくさせよう、というヒトの意図が入った人間目線の手法です。

そしてさらに、ホコから解放してくれるのはヒトという点が、鳥にヒトをよいものと思い込ませます。「ホコにいさせられている」という状況で餌をもらえれば喜びの度合いも増すという、「アメとムチ」を使った巧妙な訓練方法なのです。ホコを使うことのメリットは、鳥に訓練させることでその場で暴れる癖が減り、羽も傷みにくいという点です。特に神経質なオオタカで用いられています。

鷹匠さんのように「アメとムチ」を心得たプロの訓練ならば話は別ですが、通常生活もずっとホコの上というのはどうでしょう？

要するに、展示・調教には向きますが「飼育には絶対向かない方法」なのです。考えてみてください。ちょっと暴れると真下の壁に打ちつけられ、宙づりに……、これの繰り返しです。結果、しかたなく狭い棒状の足場の上でじっとしているフクロウたち。はたしてこれは快適な環境と言えるでしょうか？

たいていのショップがホコを用いていますが、それは「展示」を目的としているからでしょう。もしくは単純にホコの危険性を知らない可能性もあります。ホコのそばには水入れも置けないので、フクロウは不自由な生活を強いられます。そうした環境で過ごすフクロウの表情は曇ってどんよりとしているか、ヒトの接近に過剰に反応するかがほとんどです。

獣医師として、フクロウの幸せを考える立場として、ペットとしてのフクロウにホコを使用することは絶対に反対です。フクロウカフェなどの運営形態が一刻も早く変わることを切に願っています。

ただし、ホコでも、フクロウが地面に降りられるタイプの「アウルパーチ」と呼ばれるものは、自由度が高いので、選択の余地は十分にあると言えます。

ケージについて①

「閉じ込める」ケージはＮＧ

ケージ飼いとは、フクロウを繋がずにケージの中で放し飼いをするという意味です。ポイントは、決して閉じ込めてはいけないということ。

広さはどれくらい必要だろうか、と飼い主さんのだれもが思うところでしょうが、フクロウにとっては広ければ広い方がいいもの。その方が自由度も高く、お気に入りの場所をフクロウ自身が見つけやすいからです。ただし、ウサギ小屋とたとえられるような日本の住宅事情では限界があります。一番大事なのは、繋ぐ場合と同様、ケージを置く場所がフクロウにとって最適の場所であること。ただこれだけなのです。

少しでも何か不安なことがあったとしても、自ら戻っていける場所があるのが、理想的なケージ飼いといえます。

多くの時間を、目を離さないでフクロウと過ごせるなら、自由放鳥をベースに、ケージを単なる寝床としてもらう方法もアリですが、前述のとおり上級者向けで事故のリスクが高くなります。

フクロウにとって良いケージのポイントとは、ケージ内で多少の移動が可能であり、羽を伸ばしたりできるだけの余裕があることです。場所も繋留場所と同様に安定した落ち着ける場所、やはり部屋の隅がよいでしょう。

繋留法と違ってケージの場合はフクロウが三方を見られないようにして、視界を制限できるというメリットがあります。

例えば、神経質な個体やお迎え直後の個体は、正面のみが見えるようなつくりにして、上下左右の視覚ストレスをなくすといったことが可能になります。

または、つい立てなどを使って、体全体を隠せるような死角スペースを作る手もありますが、環境が合わなかったり接し方が悪いと、フクロウにとって「ケージ以外の場所は危険！」という認識を持つことも。こうなると、そこから出てこない、さみしいフクロウ生活になってしまいかねないので、要注意です。

Free Owl House

見せてもらいました!

自由放鳥のお宅のケージ

ふだんは寝床として
利用することが多いそうです。

アフリカワシミミズク

ピーちゃん（♀）、7才半。
ふだんは自由放鳥で暮らしています。

鏡

たまに鏡を見ながら遊ぶそう。

カラーボックス

寝床のメインはカラーボックス。まわりには100円ショップで買ったレジャーシートを貼って、掃除しやすく。

クッション

ふわふわの質感がお気に入りのごようす。

パーチ

寝床の前に取りつけられたパーチ。ここでくつろぐことも多々。

POINT

さらに安心できるのは押入れ！

取材中に少し疲れてしまったピーちゃん。もうカンベンしてよ～と言わんばかりに、一番安心できる押入れの中に退避中。ここは暗くて、外敵も来ない最後の砦、と認識しているようです。しばらくここにいたあと、出てきたら寝床でゆっくりお休みしてもらいました。

ケージについて②

ケージのポイントは通気性と清潔さ

見逃されがちなのが「通気性」の問題。鳥が生きるうえで、一番重要な点です。

本来は、開けた場所で生活しているのが鳥類。熱帯に生息する種類のフクロウでも、森の中といっても風通しの良い樹冠～中間の位置にいることがほとんどです。ジメジメした林床は好みません。

さらに、日本は高湿度のカビ天国。カビ＝真菌は鳥類にとって大敵で、病気を引き起こす原因となります。

また、フクロウはフンのしつけができないため、それなりに汚す生き物ということも理解しておきましょう。しかも、食事自体が生肉なので、衛生面も重要なポイント。不衛生な環境は病気に直結するので、掃除や消毒のしやすさは、ケージには必要不可欠です。

馴れていない鳥はケージ飼いから

ケージ飼いのメリットは、繋留法に比べ、格段に事故が少ないこと。何かの拍子に中で暴れることもあるものの、レイアウトをシンプルにしておけばケガのリスクは低くなります。ヒトにまったくと言っていいほど馴れていない個体や、嫌いにさせてしまった個体、馴れさせようとしていない場合はケージ飼いしかないでしょう。事故を防ぐこともできます。また、日中留守がちなら、繋留よりもケージ飼いの方が格段に良いといえます。

ケージ飼いのデメリットは、フクロウがその空間を気に入ってくれなかった場合、もしくは嫌いにさせてしまった場合、フクロウにとっては、ただの折檻部屋という最悪の状況に陥ってしまうこと。

ケージの外と中とのメリットをいかにフクロウに区別してもらうかといった接し方の工夫も必要になります。掃除の際も注意が必要で、可能ならフクロウがケージの外にいるときに行いましょう。絶対にやってはいけないのが、無理やりケージに戻すという行為。閉じ込めることになり、フクロウをケージ嫌いにさせてしまいます。

Various Home

さまざまなケージ

フクロウの寝床となるケージ。
適したものを選びましょう。

ボックス（箱型）ケージ

市販のものを利用したり、自作も可能。問題となるのは通気性とメンテナンス性。可能であれば前面以外にも空気の通る部分を作るべき。ケージが広ければ空気の淀みは少なくなるものの、室内で場所をとり、その分移動も面倒なので、しっかりとした計画性が必要です。そして問題は材質。安価で加工もしやすいので木製のケージも多いですが、メンテナンス性ではあまりおすすめできません。木材は水分を吸収する上、やがて朽ちます。そう、カビの温床ともなりかねません。水浴びはケージ外でさせるのもアリですが、飲み水は必須なので、やはり問題点は多くなります。内側面を耐水性のものでコーティングすることも可能ですが、鳥類はこういった化学物質などに敏感で、行うなら十分に時間をかけ乾燥させ、さらに時間をおいてから使用すべきでしょう。確かに加工はしやすく便利ですが、これらの問題から常に安定を求めるフクロウにとっては長期使用が不可能な木材は良い材質とは言い切れません。比較的、これらの問題を解消してくれるのはガラス製。水槽を加工してもよいですが、やや難易度が高くなります。そこで便利なのが、爬虫類用のテラリウムケージ。ある程度の通気性も確保されており、清掃も楽。耐薬品・摩耗性にも優れているのでおすすめです。しかも、保温器具といったオプションもつけられます。さらに、爬虫類用の保湿器具は鳥類用のものに比べ格段に性能がよいのです。とくに保温に関しては鳥類と爬虫類は共通するところが多く、実用性も高いので、当院の入院ケージはほぼすべてこれらを利用したものです。

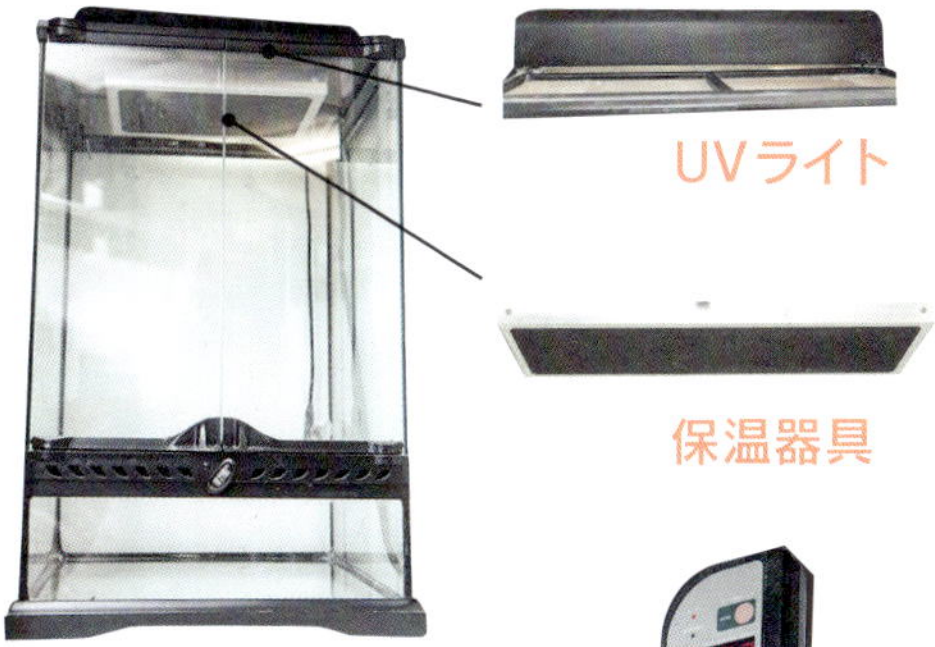

入院用のケージ。爬虫類用のテラリウムケージを使用。中に止まり木を入れるとベスト。上部にはUVライトと保温器具、サーモスタットつき。保温器具は、この天井につけるタイプが一番事故のリスクが低いのでおすすめ。

ワイヤーケージ

フクロウを飼うときは一般的な「鳥かご」は向きません。特にヒトに慣れていない暴れるフクロウには絶対使用してはいけません。理由は至極単純、大事な羽が痛んでしまうから。翼を挟んで骨折の原因にもなってしまいます。ただし、通気性は抜群なので、小型のフクロウなどに使用するなら、背面と側面を非透明なもので内貼りするなど工夫することをおすすめします。これによって、ケガの可能性と視覚からくるリスクは低減されます。ただし、見栄えはイマイチかもしれませんね。

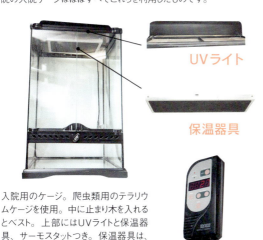

OWL COLUMN

小屋飼いのケース

　フクロウを飼う方法にはもう一つ、小屋飼いという屋外にフクロウ専用の小屋を建てるケースもあります。ただし、これは前述のように動物園のようなものだと思っていただければよいでしょう。しかも、都心でフクロウを飼おうと思う方にはとても不向きなもの。場所の確保から小屋を建てる費用まで、物置よりも大きな小屋を用意する必要があります。こうした飼い方が向いているのは、W.Cやヒトを大嫌いになっている個体、温帯に生息する種類で繁殖を狙っているケース。ただし小屋を建てられたとしても、健康管理と気温管理が難点。その土地に合った工夫が重要で、特にフクロウは寒さや暑さが体調にダイレクトにかかわってきます。

　さらに、いかに掃除しやすい環境にするかも重要なポイント。これらを踏まえてどこに小屋を設置するか、場所、風向き、日当たりなどをさらに季節ごとに検討する必要があります。

CHAPTER

6

フクロウとの生活に必要な道具

毎日のお世話に必要となる
そろえておきたい道具と
その使い方を紹介します！

そろえたい道具

エアコンと水入れは必須!!

これまでフクロウの飼育難易度は高いと、何度も述べてきました。ここまで読んだ方の中にはそろえるべき道具がたくさんあるのでは!? と、心配している人も多いかもしれません。でも、フクロウのお世話で一番大事なのは「環境」です。だからこそ、環境として必須の道具は次の2点だけです。

・エアコン

・水入れ

温度管理と、常に水を飲める環境を整えること、それこそが一番気をつけてあげるポイントなのです。そのほかは、あくまでも補助的な役割です。そろえておくと、毎日のお世話の助けになります。

水入れ

POINT

水入れを選ぼう

- 安定感のあるものを選ぼう！
  ※フクロウが水入れのフチにとまってもひっくり返らない、重みのあるものが◎。
- 個体によっては水入れで水浴びすることも。飼い主さんは周囲が濡れてもよいように配慮を
- 水入れは常にフクロウが飲めるところに置こう

必ず水入れを用意し、いつでも新鮮な水が飲めるようにしておきましょう。フクロウ好きであれば、顔をビシャビシャにしながら水を飲むその姿に心奪われるはず。

でも、なぜか多くの人がフクロウはあまり水を飲まないと思っている節があります。フクロウは砂漠性の爬虫類でもないので、餌からの水分だけでは到底足りません。しかも、冷凍餌であれば水分はさらにその制作過程で少なくなっています。スプレーボトルから飲ませるという人もいますが、これは水を絶たせておいて、「人は水を与えてくれる素敵な存在♪」とオオタカに覚え込ませる鷹匠さんの技法のひとつであり、調教方法です。フクロウをペットとして飼うならば、思う存分、体に必要な水を好きなときに飲ませてあげられる環境を整えることが重要です。

水は好きなときに
飲みたい！

エアコン

四季があり年間を通して激しい気温差があるのが日本の特徴。エアコンはフクロウだけでなくほぼすべての生き物を飼うのに必須のアイテムと言っても過言ではありません。フクロウをはじめとした鳥類の環境で重要なのが「通気性」と「空間の温度」。ほぼすべての鳥種において淀んだ空気というのは絶対によくないもので、ヒトも同じこと。呼吸器系の疾患になりやすくカビの温床になります。

鳥の全身は保温のために、断熱性が高い羽毛で覆われています。ということは、羽を境に熱は移動しづらくなっているのです。つまり、鳥に外から熱を加えても、羽毛が熱を遮断してしまうので、あまり効果はありません。

鳥に暖かな空間を与えるには、「鳥が吸っている空間の空気を暖めること」が重要です。この「通気性」と「空間の保温」という2つの条件を満たすにはエアコンが最適、かつ安全性も高いのです。

エアコンは空気を乾燥させてしまうので、加湿器を使って湿度を上げることを忘れずに。ただし超音波式のものは塩素まで不活化してしまいカビ水を噴霧するリスクが高いので使用は避けた方がよいでしょう。

年間を通して必要不可欠なエアコンですが、気候の安定した春・秋はその稼働をとめていることも多いでしょう。けれど、その際に注意しなければいけないのが、再度稼働を始めた直後のこと。鳥類は排泄物以外にも、羽鞘や脂粉といった体から排出するものが多く、意外と空間を汚す生き物です。シーズンオフのエアコンの中やフィルターはカビまみれで、鳥のいる環境では尚更カビが繁殖している場合も多いのです。そろそろエアコンを点けようかとスイッチを入れた瞬間、部屋中にカビの胞子を大放出させるというおぞましい事件が……。これはヒトにおいても過敏性肺炎の原因として知られているので、エアコンをつける前は業者さんに頼んでクリーニングしてもらうことをおすすめします。

カビの中で怖いのは鳥もヒトもかかるアスペルギルス症（123ページ参照）。一旦感染したら完治することはほぼありません。予防が一番ということをしっかり頭に入れておきましょう。

POINT

じょうずなエアコンの使い方

- 「通気性」と「空間の温度」が大事！
- エアコン使用時は超音波式でない加湿器を併用しよう
- シーズンオフ後のエアコンは掃除をしてから使用してカビと病気を防ごう

餌掛け

鷹匠さんが使用する、主に燻した鹿革製の実用性を兼ねた芸術品をこう呼び、それ以外のいわゆる革の手袋をグローブと呼びます。フクロウの爪は鋭いので、この餌掛けを手にはめて、腕にとまらせます。凝ったデザインのものも多いので、だれしもお気に入りのお洒落なもので♪　と思うかもしれませんね。

しかし本来は、餌掛けは1年ごとに使い捨てるものです。これは多くの人が勘違いしがちなポイントです。

まず、革は手入れや衛生管理が難しいことを忘れないようにしましょう。フクロウの餌は生肉であり、かつ、フクロウは足の裏に排泄物がついていても気にも留めない個体がほとんどです。

肉汁や排泄物の付着する革製品で、内側も蒸れやすいので、時間と共に不衛生になっていきます。そんな不衛生きわまりないものに、大事な愛鳥を乗せる……？　個人的にはやはり安いものを買って、使い捨てるのがおすすめです。革グローブなら、エキゾチックアニマル用の安価なものもあります。ホームセンターなどで売っている作業用の安い豚革製の物もおすすめです。一双数百円位なので気兼ねなく捨てることができます。中型までのフクロウであれば爪が貫通することもほとんどなく、実用性は意外と高いのです。

もちろん餌掛けは大事に使えば型崩れもせず、「見た目は」綺麗かもしれませんが、立派な感染源のひとつ。フクロウにもヒトにも衛生面から見ても使い続けることはおすすめできません。オーダーメイドで購入した餌掛けなどを長く使用したいのであれば、餌掛けの上に餌を乗せないようにして食べさせる、革の手入れの方法を身につけるなどの努力をしましょう。どこに問題があるかを考え、その対策を考えましょう。常識にとらわれずに衛生面を重視して考えれば、その努力がまたフクロウの健康管理のひとつとなります。

POINT

じょうずな餌掛けの使い方

- 1年ごとに使い捨てよう
- 生肉や排泄物がついているものだということを忘れずに
- 使い続ける場合は衛生管理を徹底しよう

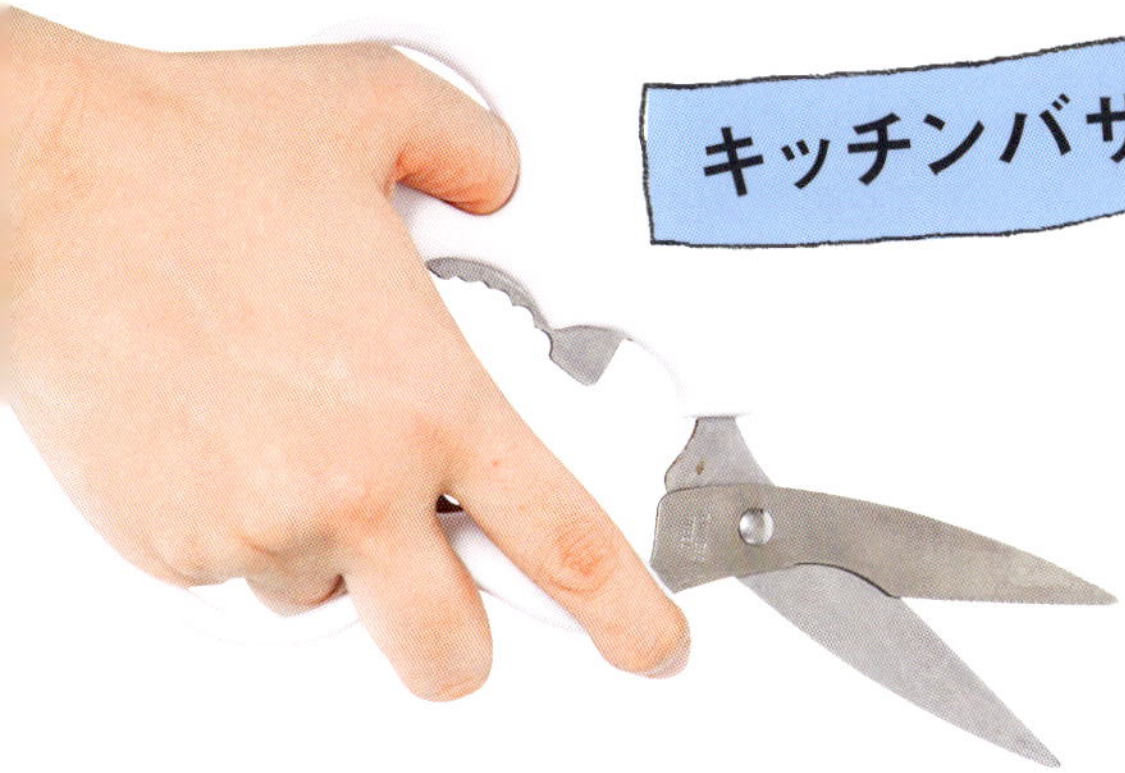

キッチンバサミ

フクロウの餌は基本的に生肉。94ページで後述しますが、安全性を重視するなら与える直前に内臓入りの餌を処理したほうがよいでしょう。その処理に便利なのがキッチンバサミです。使いやすければどんなものでもかまいませんが、ウズラやマウスの骨まで切ることもあるので、その切れ味を維持するのは困難なもの。これも餌掛けと同じく、ひとつを大事に長くではなく、切れ味が悪くなってきたら買い換えるのがおすすめです。最近は100円ショップなどでも安くていいものが手に入ります。キッチンバサミは、切る・剥ぐ・掻き出すといった作業をこなせる強い味方で、消毒などの衛生管理も容易です。

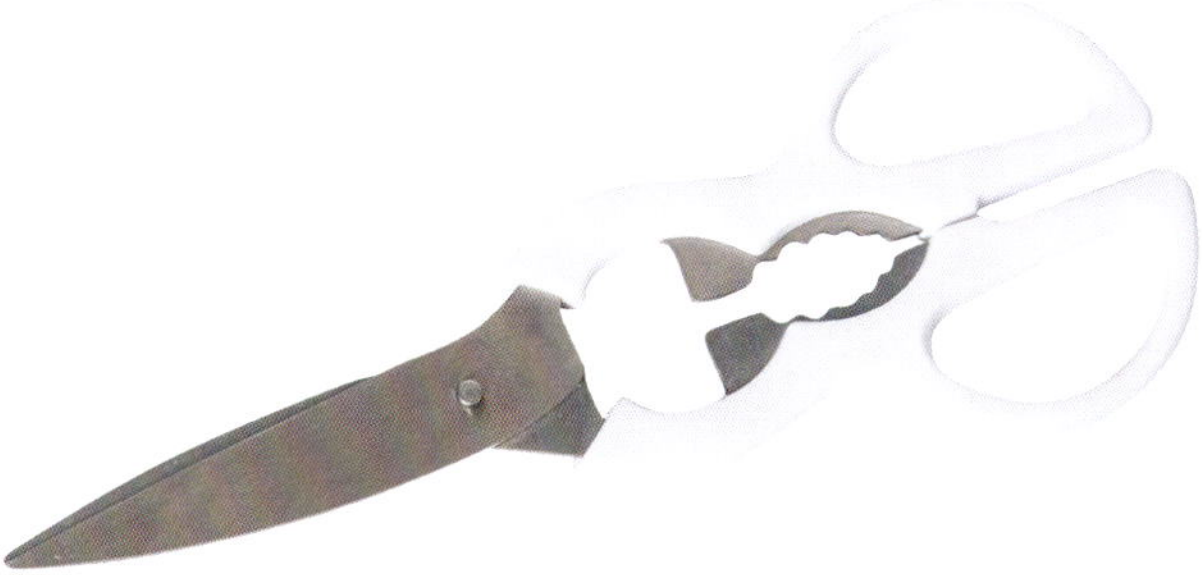

使い方のコツ

写真のような持ち方だと何羽ウズラを切っても手をいためにくいのでおすすめ。コツは、人差し指を刃の外側に添える様にはさみをしっかり持つこと。

おいしい♪

ピンセット

処理した生肉を与えるときに使うもの。ピンセットでなくとも、割りばしなどでも可。こちらもほかの道具と同じように、衛生管理には十分注意しましょう。

キャリー

鷹匠さんが使う輸送箱。木製で通気性がよく、視界を完全に遮ることができる。羽根を広げることができない大きさなので傷める心配もない。下には人工芝が敷ける仕組み。

通院や突然の防災に備えて用意しておきたいのがキャリー。病気やケガ、伸びた爪やクチバシを整える場合、急な用事で預けなければいけないときなどに必要な道具です。

まず、キャリーを使う状況で最重要視しなければいけないのは、フクロウにかかるストレスを最小限にするということです。本当に繰り返しになりますが、フクロウは安定・不変を求める生き物です。でも、仕方がなく移動しなければならないこともあるでしょう。

移動の際にかかるストレスを最小限にする場合、ヒト側がしてあげられるのは、視覚的なストレスを減らしてあげることが精いっぱい。音や振動は慎重に運ぶことぐらいでしか、実際にはやりようがないのです……。このため、移動の際は周囲の変化を見せないようにすることが第一のポイント。知らない景色・ヒト・モノ、そのすべてがフクロウのストレス源です。

神経質な個体ならば、それだけで恐れおののき、身を固くしてキャリーの端で小さくなってしまうでしょう。余裕のある個体であっても、目を見開いていろんなものに反応したり、ときには威嚇しているかもしれません。ヒトだって移動のときはなるべく快適に落ち着けることを求めませんか?

これは猛禽類も同じことで、鷹匠さんは外の見えない輸送箱と呼ばれる木製の箱をキャリーとして使います。ただ、それを手に入れるのは容易ではありません。まずは迎え入れた先か獣医師に相談してみましょう。

また、移動の際にかかるストレスはフクロウに嫌なイメージを抱かせるので、まずはキャリーに慣れる、できたら好きになってもらえるような練習をいざというときのためにした方がよいでしょう。それが鷹匠さんの行う「箱仕込み」と呼ばれるテクニック。普段からエサをあげるときは箱の中で行い、輸送箱に対して「正の関連づけ」を行います。最近はイヌのしつけなどでも多様されている方法ですね。「ここに入るとよいことがある」と繰り返し覚えさせることで、自ら入っていくようにもなります。

POINT

輸送時の声かけはNG！

輸送はフクロウ最大のストレス。もちろん飼い主さんは心配で声をかけたり、最悪のぞきこむこともあるかもしれません。でも、一番嫌なことが起きている最中に飼い主さんがいるとわかると、「嫌なこと（輸送）＝飼い主さん」と負の関連づけができてしまいます。絶対にやめましょう！

Various Carry

さまざまなキャリー

四方をふさぎ、通気口はフクロウの足元に設けましょう。

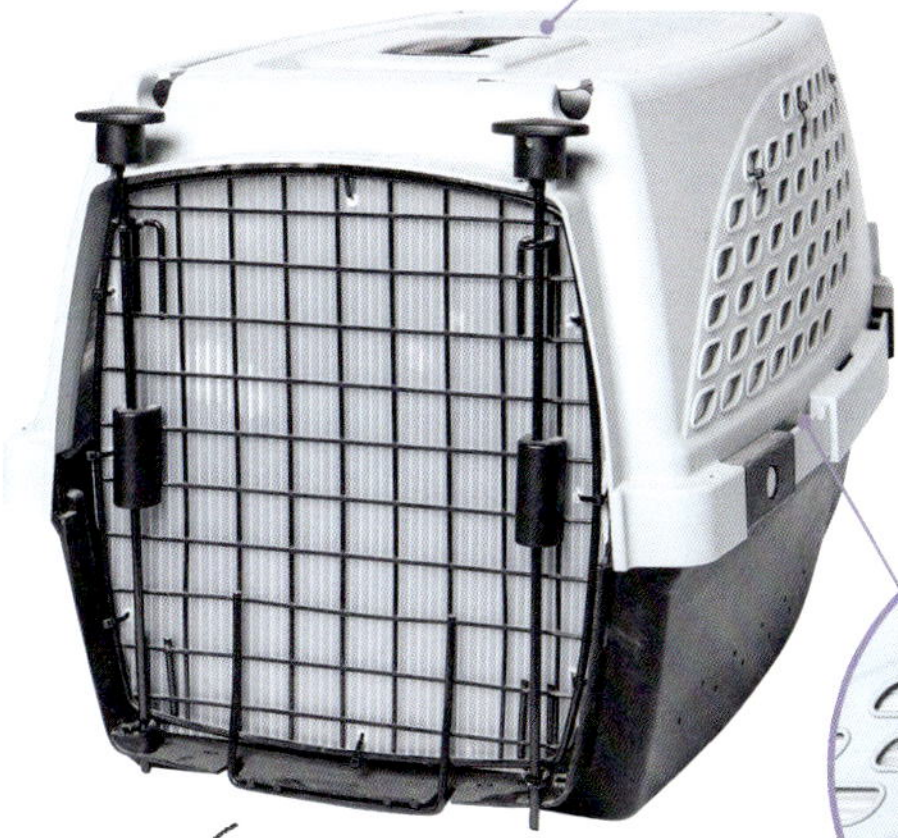

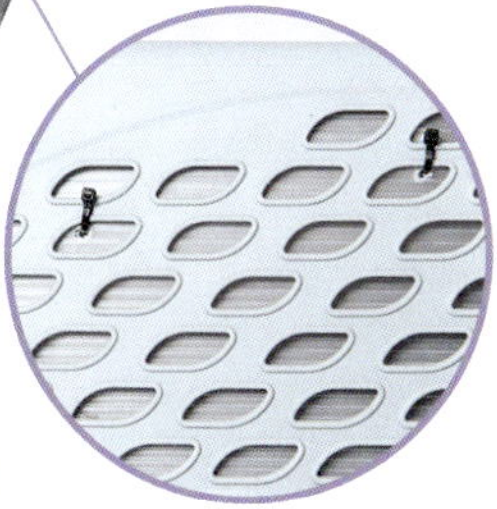

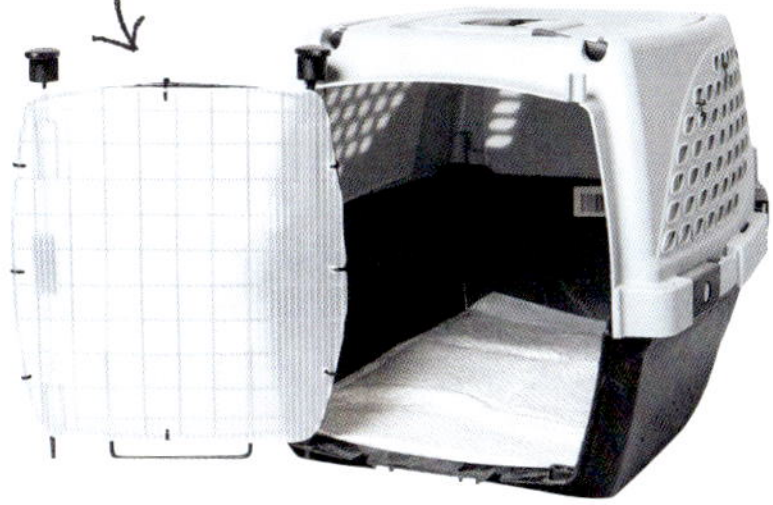

市販のキャリーを改造

イヌやネコ用に売られているペットキャリーに手を加えたもの。プラスチックダンボールをキャリーの大きさに合わせて切り、結束バンドで繋いでいます。また、キャリーも上部が開くタイプのほうがフクロウをとらえやすく、おすすめです。

やむを得ない場合は…

入院時に通常の鳥用ケージで運ばれてきたので、退院の際は新聞紙をかぶせ、四方が見えないようにしました。フクロウのストレス軽減手段のひとつです。

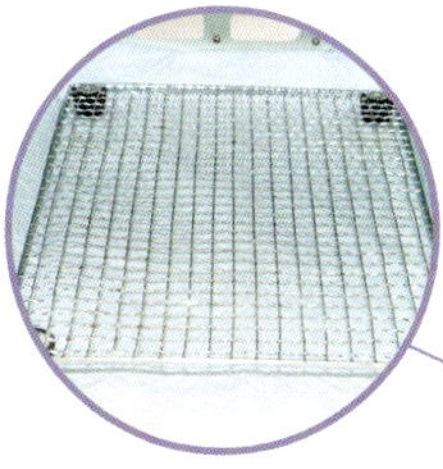

専門店のキャリー

フクロウ専門店オリジナルのキャリー。側面、正面とも開閉できる穴がついており、通気性の確保と、視界の遮断が可能です。底には網がついており、その下にペットシーツなどを敷けばフンなどの汚れも防げます。

水浴び用具

フクロウは水浴びを好む生き物です。これも水入れと同じく、水浴びもフクロウ自身のタイミングでさせてあげることがベストでしょう。ヒトのタイミングでシャワーを使って水をかけるといった方法も聞きますが、絶対におすすめできません。フクロウの嫌がることを急にしてしまうことになっている可能性がかなり高く、嫌な思いをさせて飼い主さんが嫌われる原因にもなりえます。これも夏場に、オオタカに調教のひとつとして行われている鷹匠さんの技術がフクロウに使われているというだけで、本来はフクロウに向いていないということは冷静に考えればご理解いただけると思います。シャワーは浴びたいときに浴びるから気持ちいいのです。

また、水浴び用具も、水入れと兼ねるのか別々にするのかはフクロウの個性や飼い主さんの考えにもよります。フクロウは水浴び時に水をいっしょに飲むことが多いものの、周囲は水浸しになります。ただし、浴び方はそれぞれで、お腹を少しだけといった軽いのが好きな個体から、全身ズブ濡れになってしまうのが好きな個体などさまざま。水浴びは汚れてもいい別の場所でさせるというのもひとつの手段で、その際は体が入らないような水入れにするといいでしょう。

フクロウによっては水入れの大きさや形状、色にこだわりを持つ個体もいます。水を飲まない、水浴びをしないといった個体はこの可能性があるので、お気に入りの物を一緒に根気よく探してあげましょう。稀に、水を認識しない風変わりな個性を持つフクロウもいます。ひどい場合は足を水入れに突っ込んでも、それが水だとわからないようなそぶりを見せることも。こういう場合、環境に極度のストレスを感じていることが原因のケースもあります。ストレスの改善は、しっかりと対応してくれる知識・経験のある人に相談することをおすすめします。

体重計

健康のひとつの目安になるのが体重。体重が急激に落ちているようでは、問題です。写真は、キッチンスケールの上に人工芝を貼ったもの。フクロウがとまりやすく、体重測定も容易です。

POINT

できれば記録をつけよう

右の写真は、7才半になるアフリカワシミミズクのピーちゃんの日誌。その日の体重はもちろん、どんな様子だったかが、こと細かに記載されています。

ここまでやらなければダメ、というものではありませんが、もし何かあって病院に行ったときにひとつの判断材料となることがあります。継続は力なり。また、書いて整理することで、飼い主さん自身がフクロウのことを理解する一助となりえます。

OWL COLUMN

日光浴の問題

フクロウもほかの生き物と同じように日光浴が必要です。紫外線を浴びることでビタミンDが活性化され、カルシウムの吸収が促進されます。紫外線にはA・B・Cと種類があり、ビタミンDの活性化に必要なのはUV.Bです。ただし、UV.Bはガラスをほとんど通過できません。可能なら窓ガラスや網戸越しではなく直接太陽光を浴びるのが理想です。ただし！　環境を重要視するのがフクロウ。無理やり日向に連れ出すのはストレスなので絶対にやってはいけません。ガラス越しでも多少の効果はあるので、フクロウ自らが日向ぼっこをしに行けるような環境を作ってあげてください。UV.Aは皮膚の代謝などに効果があり、ガラスでもほとんど透過されます。

爬虫類用の紫外線ランプを使う場合は、その特性や欠点を十分理解する必要があるので、詳しい知識を持った人に相談してから使用してください。

CHAPTER

7

フクロウの毎日のお世話

健康状態を見極めるのが
飼い主さんの大切な役割です。
健康の源となる食事にも
気を配りましょう！

健康は「体型」で見る

栄養状態を常にチェック！

フクロウの健康管理のポイントは、栄養状態を把握すること、これにつきます。栄養状態とは太っている、痩せているといった体型のことです。大柄や小柄といった体格のことでも、体重のことでもありません。

はっきりと断言しましょう。栄養状態がわからなければ、フクロウを健康的に長生きさせる「健康管理」は100、いえ、120%不可能でしょう。

栄養状態の確認と言われてもピンとこない方が多いでしょう。鷹匠さんが行う「肉色当て（シシアテ）」がカギとなります。

肉色当てでわかる体型と適切な食事量

肉色当てとは、胸の筋肉の量を診て、その個体が太っているか痩せているかを判断するための技術で、鳥類に使われるもの。フクロウを飼うなら絶対に身につけておくべき技術です。

たとえば、今の食事の量が適切かどうかをどうやって判断するか、といった問題も肉色当てで解決できます。

よく聞く間違った例が、「嫌がるまで食事を与える」。これは大きな勘違いです。食欲旺盛な大食漢の子は必要以上に食べ、ブクブクと太ります。繊細で小食の子や、購入直後でストレスを感じている子は当然、少量しか食べません。それを放っておくとやせ細っていくばかりです。健康なときはたくさん食べるでしょうが、体調が悪いときは食欲も減ります。それを見極めるためにも、どれだけ食べさせればよいかを判断することは、非常に重要なのです。

また、多くのヒトは体重を量れば万全と思っている方もいるかと思います。でもこれも、厳密にいうと間違いなのです。

たとえば、太った個体の体重が増えれば問題ですが、逆に減らして適切な体型になるのはよいこと。一方、痩せた個体の体重は増えればよいけれど、減ると危険。というふうに、体型が異なればまったく逆の解釈になってしまいます。お迎え時に肥満や痩せすぎの状態であれば、それを飼い主さんの元で調整してあげることが必要なのです。

もちろん、健康なときはある程度、体重で管理は可能です。でも病気になったときはどうでしょうか。たとえばおなかに腫瘍ができてしまった、腹水が貯まってしまったといった場合、体重はしっかりあっても、それらの重さで誤魔化されており、本来のフクロウの体は痩せてしまっている可能性があるのです。

健康管理で一番重要な肉色当て、ぜひマスターしてください。

詳しい方法は92ページで解説しますが、フクロウの胸を直接触る必要があります。ヒトに丁寧にプリントされた個体なら、あまり抵抗せずに触らせてくれるかもしれません。

一方、普通のフクロウは体を触れられることを、通常は嫌がります。かといって、健康管理のため！　と飼い主さんが必死になって、無理やりやっても逆に嫌われてしまいます。

やはりここでも信頼関係が築かれていることが重要です。信頼関係があれば、フクロウも大して嫌がらずに触らせてくれるはず。そのうえで、まずは飼い主さんの手を嫌がらないようにすることからはじめなければいけません。

ここでも陽性強化（38ページ参照）のトレーニング方法がカギとなります。いきなり行うのではなく、たとえば、一瞬触ってから餌をあげる、少し触ってから餌をあげる……とステップアップさせます。徐々にこの回数を増やしましょう。もちろん、フクロウが嫌がっていないかを常に観察してください。

また、できれば肉色当てがうまくできる、信頼がおける人を探しましょう。一度肉色当てをしてもらえれば、その個体の今の栄養状態を把握することができます。その際に、飼い主さんも肉色当ての感覚をつかめることでしょう。その後しばらくは体重測定のみでの管理が可能となります。

つまり、肉色当てと体重測定を組み合わせることが最良の健康管理の方法と考えられます。

ただ、外に飛ばしたりせず、一緒に生活をしていくうえでの健康管理ならば、体重測定は不要で、肉色当てだけでも十分です。ちなみに、うちのフクロウは肉色当てメインで、体重は年に一回量るか、量らないかです。それでもまだ10年に満たないですが、元気に頑張ってくれていますよ。

肉色当てのポイント

健康管理に欠かせない肉色当て。
ぜひマスターしましょう。

フクロウの胸のあたりを見ます。

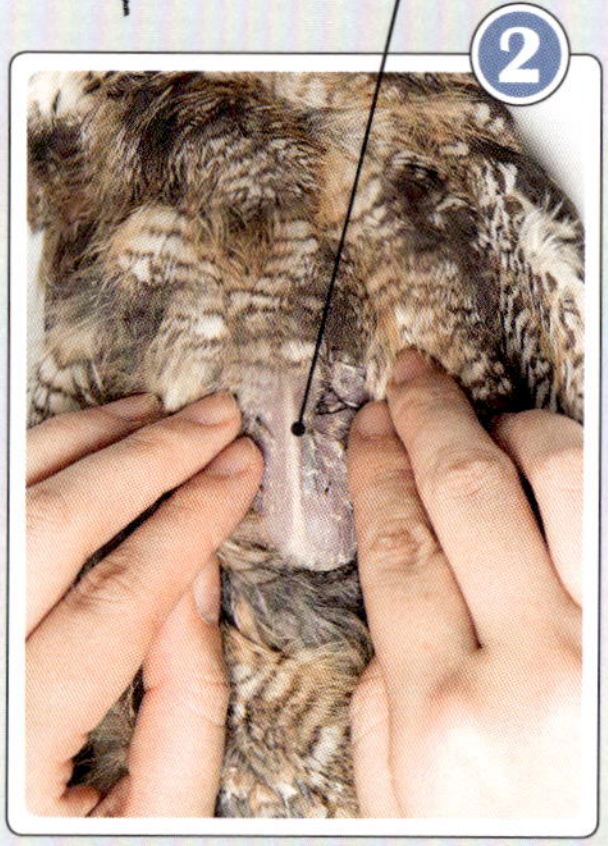

胸の毛をかきわけると、竜骨突起という柱の左右に、肉の塊が見えてきます。

すべてかきわけたところ。

上の部分を指でそっとはさむようにつかみます。この厚みによって、太っているか痩せているかを判断します。慣れてくれば羽をかき分ける必要はありません。

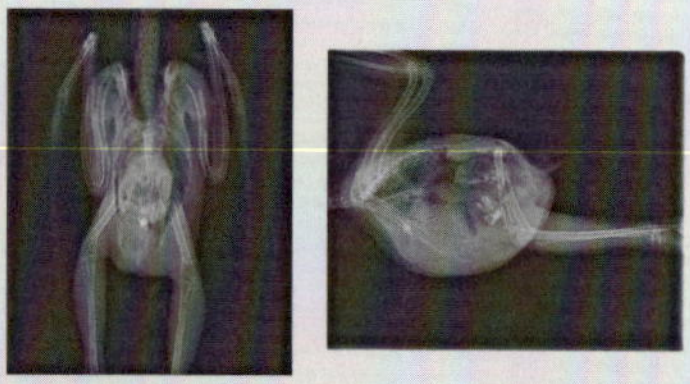

肥満状態のコキンメフクロウのレントゲン

こんなときは注意！

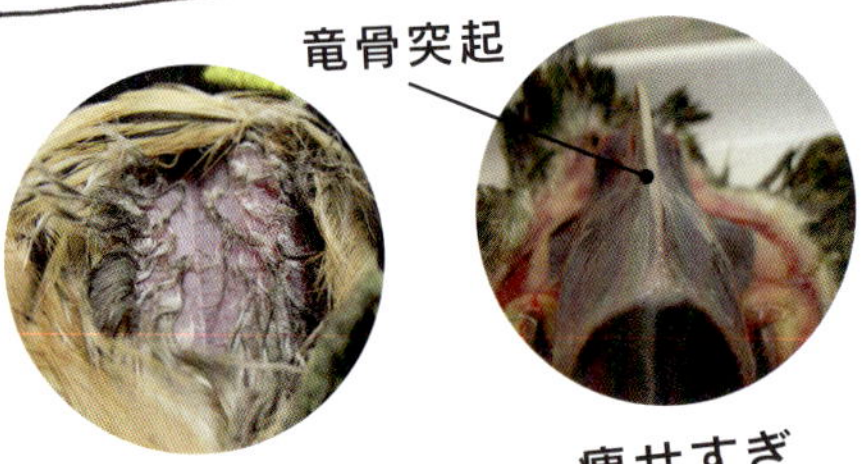

太りすぎ

プックリと肉がつきすぎ、左右の肉が盛り上がっている。いわばハト胸状態。

痩せすぎ

胸の肉がなく、ほぼ骨が露出している。
※わかりやすいように皮膚をはぎ、筋肉を露出させた写真。

What is measure?

体重測定のポイント

肉色当てと合わせて行えば万全です。

POINT

体重計は 安定性重視！

④や⑤で重要なのが、体重計の安定性。「フクロウが乗った」「飛んできた」はよいものの、その勢いや衝撃で体重計が倒れたり、不安定になると「嫌なこと」につながってしまいます。体重計自体を警戒してしまい、体重測定自体が難しくなります。体重計自体も、大きなものを使用したり、床との設置面積を広くするといった工夫が必要になります。

ストレスのない体重測定を！

体重測定は、「フクロウに無理なく量ること」に尽きます。体重計に乗るのが嫌な個体には、まず下記の方法を試してみてください。陽性強化（38ページ参照）を用いたトレーニングです。

① **肉色を少し下げる（痩せさせる）**
② **体重計の傍で餌を与える**
③ **②を何度か繰り返した後、体重計の上に餌を乗せ、フクロウに食べてもらう**
④ **体重計にフクロウが自分から乗るようになるまで続ける**
⑤ **お腹が空くと自ら体重計の乗るようになり、今度はご褒美として餌を与える**
⑥ **完成♪**

①でしっかりと肉色を下げることにより、ごほうびである餌の効果が高くなります。ただし、慣れないヒトが無理に体重を下げようとすると痩せすぎて健康を害します。肉色当てに自信がつくまでは無理な減量は控えましょう。また、一番最初はその子の好物や、大きい餌にすると、より効果が高くなります。

From Dr.Izawa

平均体重は意味がない！

よく「この種類の平均体重はどれくらいですか？」という質問を受けます。おそらくはどれくらいの体重を維持しておけば問題ないかの目安にしたいのでしょう。しかし、よく考えてみましょう。繰り返しになりますが、重要なのは肉色当てです。たとえば、日本人の30代男性の平均体重は69.2kg（2012年、総務省）。ちなみに私は現在65kg。痩せている!? いや、お腹の脂肪をどう退治しようか目下検討中……。これはフクロウでも同じこと。その体格に合った栄養状態（体型）が重要で、体格が異なる他人と比較してどうかなんて考える必要はありません。マニュアル的な平均体重という概念にとらわれず、適正な体型、栄養状態を維持することが大事です。

フクロウの食事

食は最高のたのしみ

フクロウにとって健康的な食生活とは何でしょうか。

- **極力安全であること**
- **栄養バランスがよいこと**
- **適度な量を摂取すること**

この3つの大原則を守れば、その個体が好むものを見つけてあげるに越したことはありません。タカにはウズラ、フクロウにはマウスと決めている人もいるようですが、決してそんなことはありません。そして、できれば好物を与えてあげましょう。日々、同じ場所に居なければいけないフクロウたちにとって、食事は生活に潤いを与えてくれる最高のたのしみだからです。

生肉は危険ということを常に忘れないように！

フクロウの食事は基本的に生肉。しかし生肉は、感染性胃腸炎、つまり、食中毒の原因になりやすいものです。あたたかい時期の猛禽類の死因は、ダントツで食中毒が多いのです。

特に鳥肉はほかの肉に比べてはるかに危険です。スーパーで売っているヒト用の鶏肉ですら、生食で食べるのはNG。ましてや餌用のウズラやヒヨコがヒトの精肉のように徹底した衛生管理が行われていることは稀なケースです。いくら新鮮に見えても、生肉は細菌に汚染されているという事実を忘れないでください。

購入後でも、少しでも色やにおいがおかしいな、と思ったら与えるのは絶対にやめましょう。

また、餌をさばかずにあげる人もいるようですが、これは考えもの。確かに自然下ではそうかもしれませんが、餌の消化管の中はいわゆる「食べた物」と「便」でいっぱい。これは病原菌の巣窟なので、与える理由はどこにもありません。あなたはそういうものが入ったモツ煮込みやモツの焼き肉、食べたいですか？　となると、利用しやすい食材はやはり冷凍餌でしょう。

冷凍期間によってビタミンは減少していくので、なるべく餌の回転率が高い店で買うことをおすすめします。

Various of Food

さまざまな冷凍餌

一般的に使用される食材を紹介します。

ウズラ

炭水化物が多く消化にやさしい。写真は「未処理ウズラ」と呼ばれるもので、翼などを除去していないもの。処理の手間はかかるが、鮮度やリスクの点で処理済みのものよりはるかに勝る。ただし冷凍処理の時期によりばらつきがあるので、においや色のおかしいものは使用を避けること。

雛ウズラ

ウズラが雛のときのもの。ヒヨコ同様、内臓を取り除くとあまり栄養価は高くない。

マウス

生まれてからの期間で、早い順にピンク→ファジー→ホッパー→アダルト→リタイアと呼ばれ、それぞれ微妙に栄養のバランスが異なる。基本的には全体的なカロリーは高めで脂肪分も多い。毛ごとあげるのがほとんどなのでペリット（不消化物の塊）の成分になりやすい。

アダルトマウス（白）

ピンクマウス

アダルトマウス（黒）

ホッパー

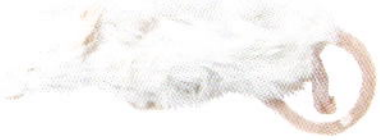

ヒヨコ

海外でよく使用されている。栄養のほとんどはヒヨコの腹の中の「卵黄《らんおう》嚢《のう》」、いわゆる黄身にある。内臓を除去するとウズラに比べて身はほとんどなく、あまりおすすめできない。

虫

コオロギ、ミルワーム、ジャイアントミルワーム、デュビア、シルクワームなど。

写真はミルワーム。実は、栄養面では脂質も多く、リンとカルシウムのバランスが極めて悪いので、これのみを与えるのはNG。時々与えるおやつとして考えるのが妥当。もちろん、屋外の虫は論外！

ピンクラット

マウスに準ずる。ピンクマウスよりもかなり大きい。マウスより臭いがややきつい。ワシミミズクサイズなら選択肢ともなる。

その他は要注意

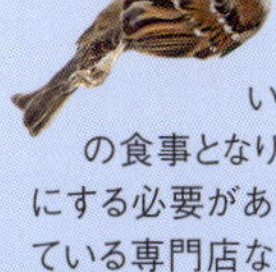

牛・馬などの哺乳類や、ハト・ダチョウといった鳥類も利用可能で、馬肉を与えてはいけないという話も間違いです。ただし、骨無し肉のみの食事となり、特にカルシウムなどの栄養のバランスをより気にする必要があります。写真は冷凍スズメ。狩猟期間に捕獲している専門店などから取り寄せることが可能です。ただし、野鳥のため寄生虫などのリスクがあることを理解したうえで与えましょう。また、フクロウ用として売られている切り身状の肉やドライフードは危険なものも多いので注意して使用してください。

解凍のポイント

冷凍餌のメリット

フクロウに安全な食生活を送らせてあげるために重要なのは鮮度です。なかにはこの鮮度という観点から、生きたものの絞めたてが一番という考えもあるようです。

しかし、これは現実的に難しく、かつ、正しい情報ではありません。

こうした話の流れで問われるのが「冷凍餌だと栄養が足りない」という点です。確かに、冷凍という過程で壊れてしまう栄養もあります。しかし、丸のままの餌が総合的にバランスのとれた食材では決してありません。肉に含まれるビタミン自体はとてもわずかだからです。

じょうずな解凍でおいしい食事を

そして、冷凍餌について回る問題として忘れてはならないのが解凍法です。アメリカの農水省にあたるＵＳＤＡの「冷凍餌使用マニュアル」を参考におすすめの解凍法を紹介します。

【3つの解凍方法】
①4℃以下で解凍
②直接水につけない、流水での解凍
③電子レンジを使用する

これらに共通しているのは、「いかに細菌を増やさないようにして解凍するか」です。つまり、いかに安全な食事を提供できるかがポイントなのです。

理想は時間がかかるけれど、①の4℃以下の解凍。実はこれ、冷蔵庫での解凍のことを指します。当院ではこれを推奨しています。

ある飼い主さんは「先生！ 試してみたら肉の色もよくて美味しそうに解凍できました！」とうれしそうに報告してくれました。考えてみれば、フクロウの餌は、私たちが食べる刺身と同じようなもの。冷蔵庫での解凍なら、安心ですよね。

また、「未処理の」ウズラやマウスなら、「食材と同量程度の水の入った密閉できる袋に入れる」という方法もあります。

この方法だと、冷凍餌の温度によって水の温度が下がりやすくなり、極力低温で解凍できるのです。注意点としては、なるべく短時間で済ませること。

　可能なら、外側の筋肉は解凍できて、内臓が凍っている状態で処理をするのが望ましいでしょう。低温で鮮度は保ちつつも、内臓処理時の問題である消化管を傷つけて餌になる部分を細菌汚染させるというリスクも減らせます。この半解凍の状態での処理も、おすすめです。処理済みの状態で売られているものは、水につけると、ただでさえ少ない栄養が溶け出すのでNGです。

肉の色や排泄物にも注意が必要

　解凍できたら、肉の色を見てみましょう。鮮やかな赤やピンクなら新鮮な証です。一方、くすんでいたり、赤黒い場合は鮮度が悪い可能性大。できることなら使用を避けましょう。

　どうしても与えるなら、その後の体調や排泄物の状態に要注意です。肉が白っぽい場合は、冷凍焼けを起こしています。鮮度が悪い証拠でもあり、できたらその後は使用しない方がよいでしょう。
　③の電子レンジで注意しなければいけないのは、熱し過ぎて色が白く変わった部分は使用しないことです。
　フクロウは元来、火の通ったもの（熱変性したタンパク質）を摂取する習慣はありません。そのような生肉に慣れている消化管に熱変性したタンパク質を与えると、どうなるでしょうか。消化管に負担がかかり、消化不良を起こし、下痢の原因となります。

　消化不良を起こしている場合、ヒトもタンパク質を避け、お粥を食べますよね。それはフクロウも同じことです。フクロウが消化不良を起こしている際は、消化しやすい「生の」ウズラの胸肉やピンクマウスを食べさせるようにしましょう。

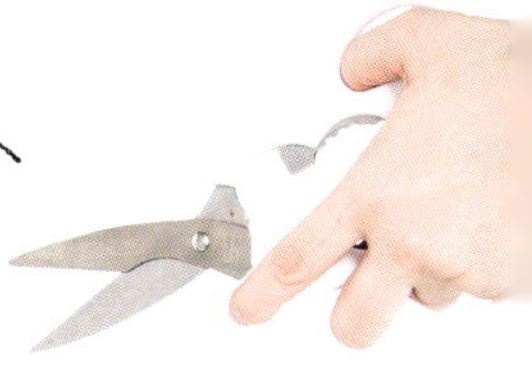

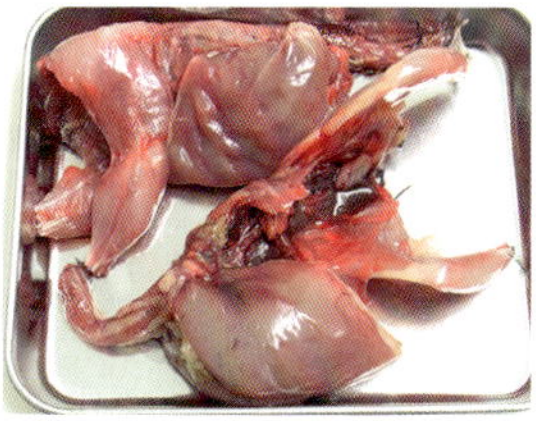

「未処理の」ウズラを解凍してから、キッチンバサミで頭や翼や足、内臓を取り除きます。ヒトが食べてもおいしそうな鶏肉だと思えたら、合格！　きっとフクロウも喜んでくれるでしょう。

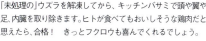

栄養のバランスについて

サプリメントで栄養を補う

残念ながら、フクロウに必要な各栄養素の栄養要求量はわかっていません。これは、ペットをはじめ、家畜以外のほとんどの動物も同じです。

なぜなら、各栄養素を種々の量・臓器ごと・年齢、そして種類ごとに導き出すには途方もない時間と労力と費用、そして犠牲がないと編み出せないからなのです。

こうした背景がある以上、フクロウにはほかの動物と同じように「各栄養素をまんべんなく、適度に与える」しか方法はありません。そして、それがベストだと考えています。

けれど、フクロウは野菜を食べてはくれません。必要な栄養を食事で与えることが難しいのです。おまけに、わがままで偏食家も多いので、さまざまな食材から栄養素を摂取することも当然難しくなります。

このため、栄養を与える方法はほぼ限られており、ビタミンやミネラルのサプリメントで栄養を補うのが簡単かつ最良の方法といえるでしょう。

しかし残念なことに、フクロウには「ビタミンBのサプリメントを与えてはいけない」というとんでもない話が浸透しているようです。

でもこれは、まったくのウソだと私は考えています。

こうしたエピソードが出来上がった背景には、とあるサプリメント製品をエゾフクロウとシマフクロウに投与した際に事故があったとの報告があるからと推察されます。

ただ、この話自体の信憑性も疑わしく、正しく使用されたのかも疑問が残ります。

実際にこのメーカー以外のビタミンB製剤を使用していますが、問題が出たことは一度もありません。

当院では鳥用のサプリメントとして実績のあるネクトン社のサプリのみを使用しています。インコやオウムを飼っている人なら知らない人はいないであろうメーカーで、品質も非常によいものです。

動物園やブリーダーの間でも使用実績があります。

ただ、海外には猛禽用のサプリメントが存在しています。しかし、猛禽類については明確な栄養要求量がわかっていないにもかかわらず、どうやって開発できたのか、非常に疑問が残ります。

そして、実際に購入したこともありますが、正直なところ、品質的におすすめできるものではありませんでした。先にあげたメーカーのものは品質がよい分、管理が難しく、取り扱いがデリケートです。しかし、その猛禽用サプリメントはどんなに時間が経っても劣化しませんでした。ヒトの食品と同じく、添加物が多く入っていると推察されます。

そもそも、ビタミンBが不要な生き物なんて聞いたことがありません。しっかりと補給してあげましょう。

ただ、与えすぎにはもちろん注意です。

使用の際はなるべく医師に相談を

サプリメントは与えたほうがよいのですが、問題はその使用法。総合ビタミンやミネラルを主体にしたものは、使いすぎも過剰摂取の原因となります。毎日ではなく、少量を2～3日に一度がよいと考えられます。

特に、換羽の時期はアミノ酸製剤を使用してもよいでしょう。猛禽類は肉食です。その食事にアミノ酸は含まれるものの、羽の成分となるものがすべて食事中に含まれているわけではないからです。栄養補助の役割として使うのがよいでしょう。

また、体調不良や消化不良時に消化酵素を用いる場合もありますが、健康な個体には全く必要ありません。

可能であれば、サプリメント類の使用は獣医の指示を仰いでください。

OWL COLUMN

適切な食事を与えよう

たまに、海外の本などに、フクロウが弱っているときはイヌやネコ用の高栄養処方食を与えるとよいといった記述が散見されます。

餌の準備が間に合わないときに、やむをえず短期間に使用するなら代替品として問題はないと思います。しかし、これは飼い主さんの不備です。あってはならないことだと十分理解しておいてください。そして、弱っているからといって、高栄養処方食を長期的に使用することはNGです。

フクロウにとってはこのフードは高栄養すぎます。脂肪の含有量が多すぎて栄養状態（肉色）は上がらないのに、内臓脂肪ばかりつくという散々な結果になってしまうケースが多いのです。やはり、その生き物の生態・生理に適ったものを与えましょう。

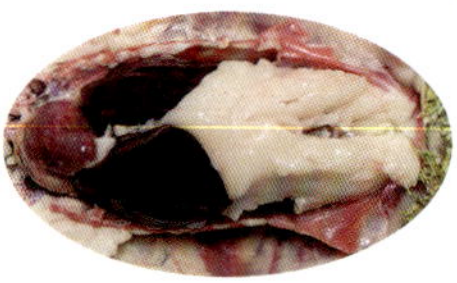

高栄養処方食を長期投与され死亡したフクロウを解剖したもの。白いのが内臓脂肪。

CHAPTER

8

毎日の健康チェックを欠かさずに

日々の暮らしに表れる、
フクロウからの体調不良のメッセージ。
不調を隠しやすい生き物だからこそ、
飼い主さんがしっかり守ってあげましょう！

健康を見る目を養おう

環境を整えたうえでフクロウの状態をチェック

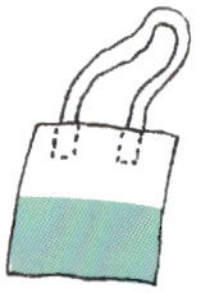

フクロウは安定を好み、変化を嫌います。つまり、いつもと同じ環境を用意することが重要です。これは健康状態の把握にも当てはまることです。フクロウのことを考えず、ヒト中心の生活様式に合わせた飼育をするとフクロウにしわ寄せがきてしまい、結果、不幸な結末となるのです。そうならないよう、次の3つの点に注意しましょう。

【毎日のチェックポイント】

①食欲（食餌量）

②栄養状態＝肉色（体重）

③排泄物（尿酸＋便）の状態

この3点は、誰が見ても同じように判断できること、つまり客観視ができるものです。①と②の重要性はすでに説明済みなので、ここでは③を詳述します。

毎日の食餌が同じであれば、便の状態は大きく変化するものではありません。しかし、便にこそ、大事な体調の変化や病気のサインが見られるのです。

すなわち、フクロウの便は見逃すべからず！

ただし、排泄物は見た目だけでなく、実は「におい」も重要なポイントです。紙面という関係上、ここでお伝えすることはできないのが残念ですが、日々、いつもとにおいが違うかどうかにも注意を向けるよう留意してください。

POINT

フクロウは獣医師も騙す!?

野生に近く、体調の悪化等を隠そうとするフクロウだからこそ、日常生活のわずかな変化は飼い主さんが見逃さないようにしないといけません。毎日フクロウと接している飼い主さんの主観が判断材料となるのです。ベテランの獣医師でも、病院に来たフクロウの「健康なフリ」に騙されることもあります。毎日同じを心がけている飼い主さんだからこそわかる部分が、診断に大変貴重な情報源であることが多いのです。あらゆる角度から異常を見つけるためには、問診＝飼い主さんの協力も重要なのです。

知って
おこう！

さまざまな便

便は異常が現れる一番最初のもの！
不調を見逃さないようにしましょう。

正常便のめやす

・便の異常・

便を掃除するときは、必ずにおいと色を確認しましょう。

①

②

未消化便

未消化便には、①脂肪主体②タンパク質（血液）主体のものと2種類があり、どちらも一回の食事量が多すぎることを指す。肉色当てをしたうえで、食事量や内容をその個体の状態に合わせた判断、対応が必要。

絶食便

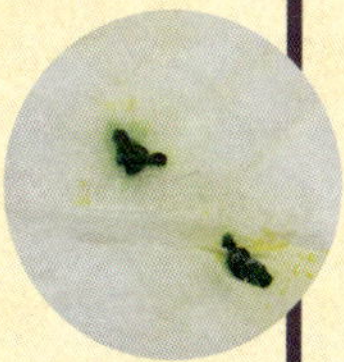

鳥類は消化能力が高いため、絶食時でも消化管粘膜の脱落したものと消化液の混じった便をする。これは消化管内が空っぽのサイン。※粘液便については、118ページを参照。

盲腸便

通常排泄される便とは異なる、もう一種類の便。よく下痢と間違えられるが問題はない。水分吸収に関係していること以外、その役割はまだ不明。

ペリット

食事を丸飲みするフクロウは、消化できない骨や毛、羽といった成分を胃内で塊としてまとめ、口から吐き出し、消化の負担を減らします。無理にペリットになる成分を与える必要もありません。たまに、ペリットと一緒に食べた物を吐くこともありますが、その後続けて吐かないようであれば心配する必要はありません。

・尿酸の異常・

尿酸の色は通常白。色が着くのは異常なサインです。

クリーム色～黄色

尿酸に肝臓由来のビリルビン（黄色）やビリベルジン（緑）が排泄されたら、これはどちらも主に肝臓に問題があるサイン。ただし、内臓の処理をしていない雛ウズラやヒヨコを与えた場合は、卵黄由来のカロテノイドにより尿酸が着色される場合も。通常の発情や換羽は肝臓に負担をかけるものなので、健康ならば尿酸に変化は起きない。ただ、このタイミングで色に変化が認められる場合は、肝臓に問題が起きている可能性大。

ライムグリーン

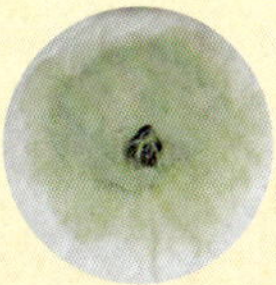

主にビリベルジン由来の色素からなる。急激に筋肉や赤血球を消耗するような状態で認められることが多い。直ちに治療経験の豊富な病院へ。稀に、絶食便由来の色素が尿酸に混じり勘違いされることがあるが、この場合は便を見れば一目瞭然。

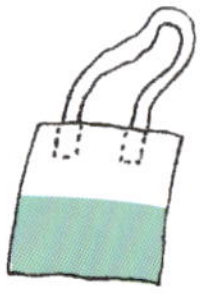

定期的な健康管理を

健康診断を定期的に

野生に近いフクロウだからこそ、日々の観察が重要だとお伝えしてきました。ただ、なかには極限まで我慢してしまう性格の個体や、見た目にはなかなか現れない病気などもあります。こうした場合は、定期健診が必要です。

ただ、病気を隠そうとする生き物だけに、見た目やちょっと触るような「触診」だけではわからないことがほとんどです。逆に、来院のため、移動と環境の変化によるストレスが加わり、より不調を隠しやすくなります。

おすすめは、いわゆる人間ドックのような健康診断です。レントゲンや血液検査をすることで、見た目にはわかりづらい病気や異常を発見できる場合があります。

当院でも、いつもの健康診断のつもりだったのに、検査で異常が見つかり、即入院というケースも稀ではありません。

健診を受ける理想的な回数は年一回。換羽や発情の時期をずらし、移動にもストレスのかかりにくい秋～冬がいいでしょう。

健診を受けるうえで重要なのは、血液検査の前には12時間以上の絶食をすること。私の調べでは、血液検査の数項目で12時間くらいは食事の影響を受けることがわかっています。

元来肉食の生き物なので、半日ほど何も食べなくても健康上はまったく問題ありません。もともと痩せていれば話は別ですが、わざと痩せさせているのでなければ、健診前の絶食はすべきです。日頃から肉色当て（90ページ参照）をしていれば、もちろん個体が痩せているかどうかがわかりますよね。肉色当てはそれぐらい大事なのです。

健診を受けるときは

- □ 年一回が目安
- □ できれば換羽や発情の時期は避ける
- □ 移動しやすい秋～冬がおすすめ
- □ レントゲンや血液検査がある健診を選ぶ
- □ 血液検査の前は 12 時間以上の絶食を

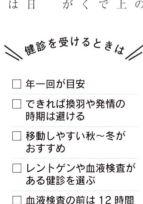

コーピングの重要性

もう一つ、定期的な健康管理で忘れてはいけないのが「コーピング」。いわゆる爪・クチバシ管理のことです。

よくショップなどでは「メンテナンス」という言葉が使われているようですが、それは本来のコーピングとは異なるもの。実はコーピングでないと、爪の健康状態を維持することは不可能なのです。

フクロウをはじめとした猛禽類の爪は、ヒトの平爪と違ってただ伸びるものではありません。身近な存在だと、ネコの爪に非常によく似ています。特徴として、どちらも獲物を捕らえやすいよう、絶えず先端が鋭利になるような構造をしています。

「フクロウは日頃から爪を砥いでいる」という話を聞きますが、それは厳密に言うと間違い。確かに爪の先端は、使えば使うほど摩耗しますが、研磨しているわけではなく、鋭利さを失って摩耗しただけなのです。

野生のフクロウやネコの爪は、最外層の爪が鈍磨すると剥がれやすくなります。すると先端の鋭利な次層が露出します。これを繰り返し、爪の鋭利さを維持しているのです。

この爪の構造を理解していないと、ヒトの爪のように先端をカットして丸めるだけの「メンテナンス」というやや勘違いした対応になってしまいます。

一時的な対応としてはこれでもよいのですが、この爪切りを続けると「爪が根元から抜ける」というトラブルの原因となります。

爪が抜け落ちた例

抜け落ちた爪

What about COPING?

コーピングとは？

通常の爪切りよりも、よりフクロウの体に合った管理方法。
爪やクチバシの構造から理解すれば重要性に気づくはずです。

1. 爪の構造

フクロウの爪の中心には骨があり、先端部分には血管と神経もあります。ただし、通常爪が伸びて切る部分には骨などはありません。爪は、バウムクーヘンのように幾層ものケラチンでできた爪の層が積み重なっています。

この爪は、中心から新しい層がどんどんつくられながら成長し、結果爪が伸びたように見えるのです。たとえるなら、タケノコが伸びるような感じでしょうか。

このため、最外層へいくほど爪は剥がれやすくなり､摩耗により脱落していきます。

飼育下のフクロウでは、この「摩耗」がほとんど起きないため、月日と共に爪がどんどん分厚くなり、しなやかさも同時に失われていきます。

そして、たまたま何かを力いっぱい握ったときなどに、一番負荷のかかる指と爪の境界部分に影響がでます。そうなるとフクロウの握力の強さにより、ポッキリとつけ根で折れて脱落してしまいます。かなり多い事故ですが、爪のしくみを理解しておけば防げることなのです。年に１～２回はこの古くなった爪の層を剥ぐ＝コーピングをしましょう。

コーピング・初級編

コーピングに自信のない方は、まずは爪を短くカットした後に裏側のみを削って薄くすることをおすすめします。ただしこれも、上級者向けです。昔から鷹匠さんが「爪嘴」（つめはし）という技術の中で、小刀を使って爪の裏を削るものがあります。おそらくこれと原理は同じなのだと思われますが、こうすることによって古く残った爪の層が自然と剥がれ落ちやすくなるのです。何より、根元から爪が抜けてしまうというトラブルもほぼ起こりません。

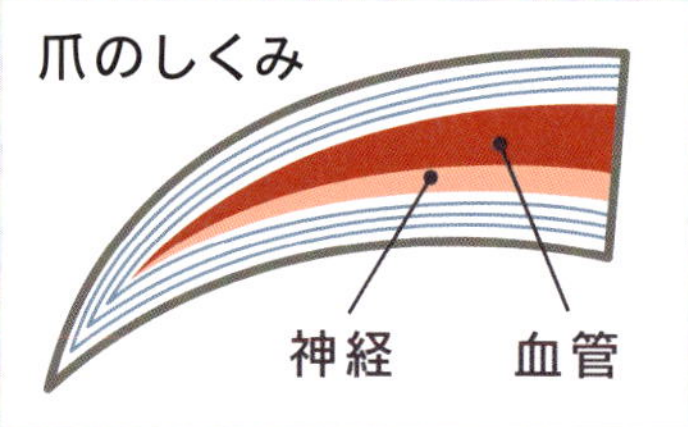

爪の中心には血液と神経があり、そのまわりを何層もの爪が囲んでいます。

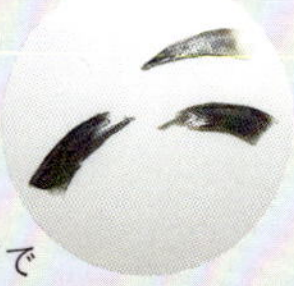

コーピングではがした爪

2. クチバシの構造

クチバシは爪よりも難易度が高いものです。フクロウに目隠しさせず顔を突き合わせて行うので、飼い主さんがやると信頼関係を崩すほど嫌われてしまいます。ぜひ専門家にまかせてください。

下クチバシは、上クチバシとの咬合で摩耗するため、ほとんどいじることはありませんが、問題なのは上クチバシ。

爪同様につけ根付近には骨、先端には血管と神経があります。そして前方へ伸びつつ、内側から伸長していく構造です。

よって、コーピングは爪と同じような方法をとりますが、問題なのは下クチバシとの噛み合わせ。削り過ぎると下クチバシの形も変形し、古い層を残したままにするとちょうどクチバシがカーブする部分でひび割れが起きてしまいます。それを放っておくとクチバシが割れ、欠けてしまうという大きな事故が起きます。

伸びた先端をカットして丸めるだけでは爪以上に問題が起きやすいのがクチバシです。中途半端にいじるとトラブルになりやすく、しかも変形したクチバシの矯正には時間がかかります。必ず専門家に任せましょう。

From Dr.Izawa

進化中のコーピング技術

私はコーピングを始めて10年以上になります。コーピングはフクロウにとってかなりの身体的·精神的ストレスとなります。動けないよう全身を拘束され、爪を切り、適切な太さ・状態へと仕上げます。モリフクロウサイズの中型鳥ならば、仕上げまでおよそ30分かかることも。

日本には「伏せ殺し」といわれる言葉があり、タカを拘束して負担をかけすぎた結果、鳥が亡くなってしまう状態を意味します。それくらい、鳥を長時間拘束することは多大なストレスをかけてしまうのです。私はフクロウへの負担を少しでも軽くするために、日々やり方を進化させています。

残念ながら、実際のコーピングの方法は、言葉で説明するのが難しく、ここではお伝えしきれません。別に隠しているわけではなく、職人技的な部分があるのでうまく表現しづらいのです……。

私も年間、約50羽以上のコーピングを行っていますが、まだまだ修行中です。

どんなことでも真剣にやるとその奥の深さに驚かされますが、逆にそれがたのしみでもあったりするところが面白いですね。

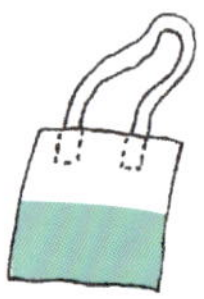

外に連れて行くのはNG

外はフクロウにとって完全アウェー

フクロウを飼うことに興味があるなら、だれもが一度は「フクロウとのお散歩」を夢見るかもしれません。しかし残念ながら、絶対に初心者が手を出してはいけないことなのです。

フクロウの飼育技術の根底には鷹匠のものが多く含まれていますが、同じ猛禽類といってもまったく別の生き物です。似ているところもありますが、決定的に異なるのは、フクロウが環境にこだわりがあるのに対し、タカはそこまでではないということ。世界中に鷹狩りはあれどフクロウ狩りはない、というわけです。

まず、フクロウにとって外とは完全に縄張り外。いわゆるアウェーの状態です。見聞きし、感じるものがすべて知らないもの、知らない世界。どこにも安心できる材料がありません。

無理やり外へ連れ出されたフクロウがとる行動といえば、「逃避」か「忍耐」。

しかし、外へ連れ出されるフクロウは逃避しようにも、足が紐と繋がっており、逃げられない状態です。逃げられないとわかったらフクロウはじっと耐え忍ぶしかありません。フクロウと外出できて喜ぶ飼い主さんもいるかもしれません。でもそれは大きな勘違いであり、いわばヒトのエゴにすぎません。

迷子にさせたら取り戻せない！

フクロウを外に連れ出すことはロスト、つまりフクロウを何らかの事故で逃がしてしまうという危険が一番にあります。

フクロウだけでなく、一度逃げた鳥を捕まえるのは非常に困難なことです。

また、非常に悲しいことですが、フクロウが高価ということもあり、転売目的のための盗難事故も実際に起きています。

健康のために日光浴を、と思っている人も多いかもしれませんが、ガラス越しでも十分です。フクロウが好むタイミングでさせてあげましょう（88ページ参照）。

手の上でバタつくようならNG!!

本当に外に連れ出したいなら、7つのハードルをクリアしなくてはいけません。

①飼い主さんがフクロウに嫌われていない
②飼い主さんがフクロウに嫌われない接し方ができる
③肉色当ての判断が細かくできる
④フクロウが手（餌掛け）の上に躊躇なく飛んで来てくれる
⑤フクロウが手（餌掛け）の上で長時間嫌がることなくいる
⑥フクロウを手（餌掛け）の上に少し乗せたまま動いても嫌がらない
⑦フクロウを手（餌掛け）の上に乗せたまま、もう少し動いても嫌がらない

これらの7つを、陽性強化の方法を用いながら、少しずつステップアップさせるという壁が立ちはだかっています。

ただし、これらのうち、一番の必須条件は③の肉色当てです。なぜなら、太った状態のフクロウは嫌なものを認識しやすい状態だからです。肉色当ての正しい技術を用いて、フクロウを適切な状態にするのが先です。

少し専門的な訓練の過程を簡単に説明すると、

A 訓練の障害となっているフクロウの嫌がっているものが何か飼い主さんが判断する
B その解決法を検討する
C フクロウを痩せさせて、嫌がっているものが見えなくなるよう食餌に集中させる
D 徐々に栄養状態を上げ、克服できているかを確認

これを繰り返します。

参考までに言うと、本気で師事するならば「網掛《あがけ》」といわれる、親がある程度まで育てたオオタカで鷹狩りができるくらいのヒトでないとおそらく不可能でしょう。

ましてや、成鳥のフクロウをショーなどで飛ばしている人は相当の訓練を積んでいるはずです。

また、ほかの接し方と同じように、訓練の過程には嫌われないようにする、陽性強化が必須です。

これを怠ると、外という環境だけでなく、飼い主さんのことも嫌いになってしまう可能性すらあります。どうしても外に連れ出したいのなら、それ相応の技術・知識を身につけるのが賢明です。

OWL COLUMN

放鳥でわかるフクロウの気持ち

室内でフクロウが環境に慣れてきたら、放鳥することも悪いことではありません。ただし、ストレスなく回収できるかが問題で、放鳥後、無理やり捕まえることしかできない、または自信がないのなら、絶対にしてはいけません。

放鳥されて真っ先に行く場所は、そのフクロウにとっては「聖域」のようなもの。そこに行くことで気持ちが安定し、安心している証拠。それがパーチやケージ、または飼い主さんの体なら、あなたの飼い方は間違っていないといえるでしょう。フクロウも「次は下に降りてみようかな？」なんて好奇心も湧いてくるかもしれません。聖域はなるべく人の手をいれず、フクロウの落ち着ける環境を保つようにしましょう。余計なおせっかいは無用です。

放鳥してもすぐに高いところにとまったりせず、行動がいつもとあまり変わらないなら、そのフクロウがその環境に安心していると判断できます。

CHAPTER

9

フクロウの病気

ペットとしての歴史が浅いフクロウは、
病気についても
知られていないことがたくさんあります。
ここではフクロウの病気の実態を紹介します！

病院について①

不調かなと思ったら病院へ

フクロウだって生き物。死ぬその瞬間まで健康であることはほぼなく、ケガや病気で体調を崩すことがあります。

健康なフクロウが不調の変化を見せたとしても、ほとんどの飼い主さんは実際に目の前でフクロウにそういった症状が現れると、まずは目を疑い、そして少し冷静になってくると慌てふためく場合が多いのではないでしょうか。

もし不調が見られたら、まずは本当にそれが病気やケガの兆候・サインかどうか、もう一度見極めましょう。わからなかったらすぐに動物病院へ連絡を。

購入したショップに相談するのはおすすめできません。なぜなら、ショップがたとえ飼育経験や知識が豊富だとしても、病気の知識はほとんど皆無です。本来、ショップは健康な生き物を扱う場所であって、病気の個体とはかけ離れた場所だからです。

本当に生き物に対して真摯に向き合っているショップなら、すぐに病院に連れていきなさい！　とアドバイスしてくれるはずです。そういうショップこそ信頼できると言えます。

逆に、病気のことを説明してくるようなショップは信用しない方がよいでしょう。いくら詳しくても医師ではないので、病気に関しては素人判断といわざるを得ませ

POINT

フクロウは入院管理も特別！

私の経験上、インコ・オウムと同じような対応をすると間違いなくフクロウは状態を崩してしまいます。入院時は１羽ごとに広いスペースを必要とし、周囲の音なども気をつかわなければいけません。逆に言えば、そこまですれば、入院というストレスを最小限にすることができるのです。

入院中のフクロウ。ケージはロールカーテンで目隠しして周囲を遮断してストレスを与えないようにしています。

フクロウはこうして、入院中も絶えず外の様子をうかがっていることがわかります。

ん。ましてや、薬を処方するショップなどがあるという話も聞いたことがありますが、それは法に触れる行為だということを、飼い主さんも決して忘れないようしてください。

また、飼い主さんがたとえフクロウの変化に気づいたとしても「病院はまだ大丈夫かな。もう少し様子を見てみよう」と考えるかもしれません。でも、体調を隠すフクロウに対しては、言い方は悪いですが、根拠のない様子見は見殺しにすることと同じです。様子を見ているうちに、突然亡くなったというケースは多々耳にします。

早期発見・治療が有効なのはヒトもフクロウも同じこと。

繰り返しになりますが、必要なのは、フクロウが症状を隠そうとしない適切な環境です。そして変化に気づく飼い主さんの観察力こそが、フクロウを救う助けとなるのです。

獣医師と飼い主さんの力を合わせて治療を

ほかの獣医師もそうだと思いますが、私は患者さんが元気になってくれることのみを考えて、日々診療をしています。そのためには時間も努力も惜しみません。点滴中の鳥がいれば病院に泊まって治療に当たり、退院後に重要だと思えば徹底的に飼育指導もします。

それはすべて患者さんである動物のためだからです。

ただ、生き物である以上、残念な結果になることもあります。

特にフクロウの場合、それがフクロウを取り巻く我が国の環境や、飼い主さんの誤った認識などが大きな原因であることが残念ながら少なくありません。根本的に飼育方法がその個体に合っていないことがほとんどです。それがこの本を書き始めたきっかけでもあります。

フクロウはわかっていることも少ない、ほぼ確立されていない分野といっていいでしょう。特殊な生き物である以上、獣医師と飼い主さん、そして社会が協力する必要があります。フクロウを病気にさせない、病気になったら早く治す、これらのためには、飼い主さんの協力・努力も必要だということも忘れないでください。それが、不幸なフクロウをなくすために必要な第一歩なのです。

我々獣医師はフクロウの生命力やさまざまな可能性にかけてベストを尽くすだけです。もし入院させなければいけない状況になってしまった場合、歯がゆいかもしれませんが、飼い主さんにできるのは、フクロウと獣医師を信じて待つことだけです。そして、もう一度今の環境がその子にとって理想的かどうか見直してあげてください。そこが適切であれば、慣れ親しんだその場所から、病院へ連れ出す必要なんてほとんどなくなるはずなのです。

病院について②

フクロウを取り巻く悲惨な現状

残念ながら、我が国におけるフクロウを取り巻く環境は悲惨としか言いようがありません。確立された飼育技術はほぼなく、各々好き勝手に飼育しているような印象です。

たとえるなら、20年以上前の爬虫類のおかれた環境と似ていると思います。根本的な原因が飼育環境の不備にあるので個体はすぐ体調を崩し、なかなか治らない、そして死に至る……。

しかし、私を含め、この悲惨な現状においても努力している獣医師は、少なからず存在しているのです。

フクロウを診られる病院を探す

しかし、フクロウという生き物を根本的に理解している獣医師は私の知る限り、日本にはほぼいないのでは、と思います。だからといってまったく診られないわけではなく、ほかの鳥類や哺乳類の知識・技術を応用して診察に応じることはある程度可能です。実際、私も猛禽類の治療はほぼ手探りの状態であり、哺乳類や鳥類、はては人医の知識や道具などを駆使して、知恵を絞りながら日々診療しています。

まずは鳥類の診療の経験が豊富な病院を探しましょう。しかし、鳥の獣医師は、ほぼインコ・オウム類がメインでフクロウはいわば専門外。ただ、鳥類の扱いには慣れているという第一条件がクリアになります。しかし、地方には鳥類の専門病院自体が少ないかもしれません。簡単な処置や治療であれば、器用な獣医師なら対応可能でしょうが、ほとんどの場合無力かもしれません。それは、私がウシやウマの治療をお願いされても断る理由と同じこと。遠くても専門知識の豊富な病院に連れていくことをおすすめします。

しかしながら、私の知る大御所の先生は猛禽類を診ない人もいます。そもそもフクロウはインコとは別の種類。食べ物から入院設備まで、同じではないので、その判断は決して間違いではないでしょ

う。どの獣医師だって病気やケガを治すことに全力のはずです。簡単なケガや病気の場合は処置してもらえると思いますが、専門的な病気や、飼育に起因するものであった場合は治療が困難となるかもしれません。

　カギとなるのは、飼育相談にしっかりと対応できるか、環境を重視するフクロウの入院設備があるのか。そこは獣医師と十分に相談して、飼い主さんが事前に自分で判断しましょう。簡単なケガなどであれば近くの病院、大きな問題があるようなら遠くても専門知識・設備のある病院と、使い分けてもかまいません。

技術が確かな信頼できる病院とは？

　私自身も入院設備や食餌については試行錯誤してきました。たとえば食餌は、ウズラ・雛ウズラ・ヒヨコ・各種マウス、ピンクラットなど豊富な種類をそろえています。一口サイズだと食べる個体から、丸ごとじゃないと食べない個体まで、食餌にこだわりを持った性格のフクロウが多いのです。

　ほかにも検査のストレスを最小限にするため、レントゲン・採血などの検査は5分以内で終わらせるようにしています。余裕のある個体なら、私の手の上に据えながら一緒にレントゲン画像が映し出されてくる様を診ていることも。これは遊んでいるわけではなく、ストレス後の運動不耐性の確認をしているのです。

　すべての動物において言えることですが、レントゲン画像を見ればその病院がその動物を扱えるかが一目でわかります。その一つがポジショニング、つまり動物の体勢・姿勢です。鳥であれば、脊椎と胸骨の竜骨突起《りゅうこつとっき》が重なっていること、左右の烏口骨《うこうこつ》が重なっているのが正常な評価のできる画像です。曲がっていたり、ヒトの手が入っていたり、時間がかかるようでは到底、入院管理ができるほど、扱いに習熟しているとは言えないでしょう。

　自慢するわけではありませんが、これらは、フクロウや猛禽専門をうたうという責任から、どうすれば最小限のストレスで検査をすることができるか？を日々心掛けてきたからこそできる技だと思っています。

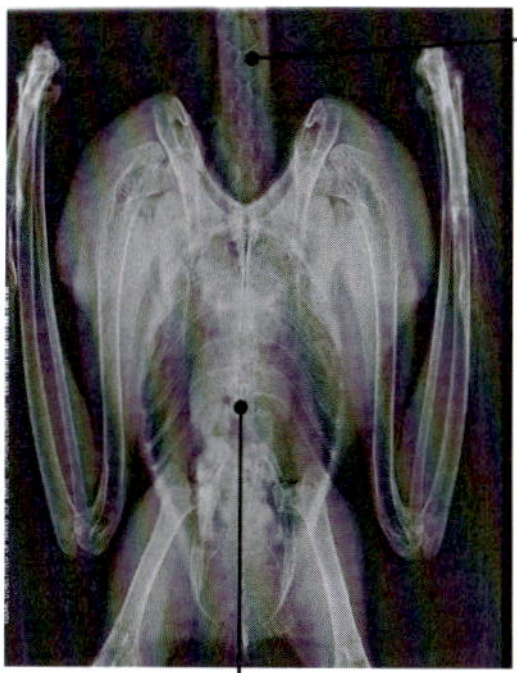

正常なワシミミズクのレントゲン画像

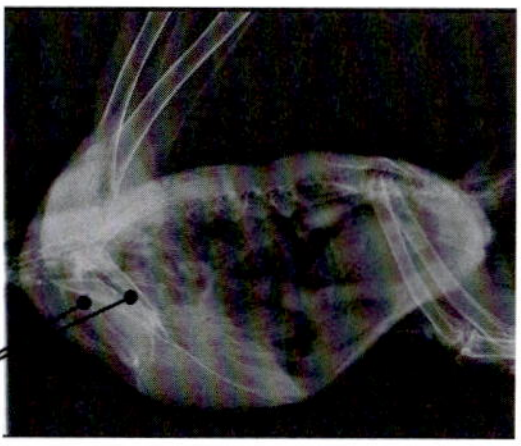

もし状態が悪くなったら？

適切な保温と水分補給を

まずは原因を知ることが重要です。先にも述べたとおり、残念ながら自宅でできることはほとんどありません。

もし、状態を崩した原因が「削《さく》痩《そう》」、つまり極度に痩せてしまった状態なら手立てはあります。

まずは「適切な保温」を施しましょう。フクロウが暑くならない程度の温度に空間を保温することが大事です。カイロや湯たんぽなどは意味はなく、石油ストーブなどはもってのほか。エアコンと電気製品を駆使し、膨羽（羽が膨らんだ状態のこと）しないくらいに保温してください。ただし、膨羽がおさまらないなら、病院へ。状態が悪い証拠です。

次に重要なのは「水和《すいわ》」。これは水分補給を指します。

衰弱・削痩しているときは代謝がとまっていることが多く、この状態では食事を与えても吐き出してしまうか、胃内で腐ってしまい、結局は嘔吐することになります。

本来であれば点滴をするのが理想ですが、一般家庭ではそうもいきません。ただし、無理やり水を飲ませたりするのは、やめましょう。気管に水が入ったりして、状態を崩すだけです。水が飲めないようであれば、水分は食餌と共に摂取させるしかありません。口腔内も乾燥していることが多いため、食餌にたっぷりと水分を含ませてから与えます。

しっかりと栄養補給を！

そして中心となるのが、栄養補給です。衰弱しているのはフクロウ本人だけでなく、消化管も同じ。ここで絶対にしてはいけないのが、消化管に負担をかけること。つまり、食餌を与えすぎると消化管に負担がかかるのです。

理想は消化しやすく、負担の少ないウズラの胸肉を与えるとよいでしょう。細かく切って水に浸し、少しずつ与えます。これを鷹匠は「割餌《わりえ》」と呼びます。最初は少量から始め、消化しはじめたら徐々にその量と大きさを増していきます。その目安は排泄された便。その量と色、状態をよく観察しましょう。また、割餌にはハトの胸肉がいい、という人もいますがそんなことはありません。確かに炭水化物の含有量は多く、赤身のため鉄分なども多いです。しかし､割餌のポイントは｢少量頻回｣。安価で入手しやすく、かつ新鮮なウズラ肉をこまめに与えるのが合理的でしょう。

弱っているときは、最初はやや強引に口に入れないと飲み込まない場合がほとんどです。ただし、このときに無理をして吐く癖をつけてしまうと回復する見込みは限りなく低くなります。絶対に無理に押し込んだり、流動食を胃に流し込むことはNGです。

また、低血糖だからといって、糖分の多いものだけを与えることもおすすめしません。ブドウ糖はすぐに代謝され、急激に血糖値が上がります。その後に継続的に栄養を消化吸収できる状態でないと逆に血糖値が下がります。安易な投与は逆効果になることを忘れないでください。

弱っているときは体重管理を徹底する

給餌のタイミングは、最初は2～3時間おきを目安に、食餌の増量とともにその間隔を伸ばしていきます。このとき、体重を必ず量りましょう。

体重が減らない、無理のない給餌間隔と量を、体重を見ながら調節します。給餌量・間隔はその個体の状態・状況により、さまざまに変化します。決してその個体の様子を見ないで判断してはいけません。

これを根気よく続け、食欲と体重の増加が見られれば一安心です。しかしながら、ある程度まで肉色が上がるまでは油断しないようにしましょう。

この看護は本当に骨が折れ、精神的にも大変なものです。それが私の仕事、使命といえばそれまでですが、やはり命の灯が消えていく様は目の当たりにしたくはありません。だからこそ看護に励み、そして、フクロウが元気になったときの喜びは、言葉では表せないほどなのです……！

万が一、この看護がうまくいかなかった場合。それは「フクロウの衰弱死」を意味します。つらいことですが、これがどういうことかよく考えてください。そこには、後悔と懺悔しか残らないでしょう。そうならないためにも、日頃から肉色をチェックすることを忘れないようにしてください。

飼育当初はしっかり認識していても、慣れとともに疎かになるのが世の常です。慣れてきたころに 事故が多いのは、車の運転と同じです。「初心忘るべからず」を肝に銘じましょう。

フクロウがかかりやすい病気

飼《し》育《いく》失《しっ》宣《せん》

簡単にいえば、飼育知識・技術の未熟さによって引き起こされる事故。そのフクロウにとって環境が合っているかが判断できない、または肉色当てができていない、食事の量・安全性が判断できていないなどによって起こります。残念なことに、現在のフクロウの病因・死因の大半がこの飼育知識・技術不足が根本的にあると考えられています。

今一度、自分がこれだけ飼育難易度の高い生き物の健康管理ができるか、そして、ひとつの命を預かる覚悟があるか、自問してみてください。

感染性胃腸炎

いわゆる食中毒。

その原因のほとんどが、食事に対する知識不足からきているものが多く見受けられます。

おそらくフクロウの死因のトップ3に入るであろう疾患の一つ。急激に悪化することもあるので注意が必要です。

飼い主さんの発見が遅く、末期の症状になってから来院する場合がほとんどです。

重病だと命にかかわるような状態になります。静脈点滴など積極的な治療を施さないといけないため、すぐさま専門病院へ行きましょう。

感染症胃腸炎のフクロウ。顔に生気が見られない。

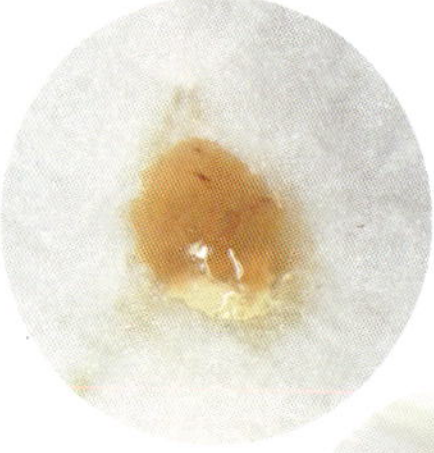

粘液便

粘液便（血混じり）

異物誤飲

フクロウは餌を丸呑みする生き物。この事故は特にまだ自我の芽生えていない若鳥や環境に慣れてきはじめた成鳥に多くあります。

口に入るサイズの大きさのタオルや靴下等のコットン製品、紐、髪ゴム、ぬいぐるみなど……。おもちゃの置きっぱなしはNG。おすべては不用意にフクロウの手（足）の届くところに置いた飼い主さんの責任になります。フクロウはただ遊んでいて興奮したなど何かの拍子に飲み込んだだけで何も悪くありません。催吐処置を行って異物が出てくる場合もありますが、多くは唾液や胃液で体積も重量も増して自分では吐けなくなります。食後の嘔吐や食欲不振、ペリットを吐こうとしても吐けない、などが典型的な症状です。

多くの場合は胃切開によって異物を摘出する手術を行います。

紐を飲み込み、口から出た状態で来院したフクロウ。

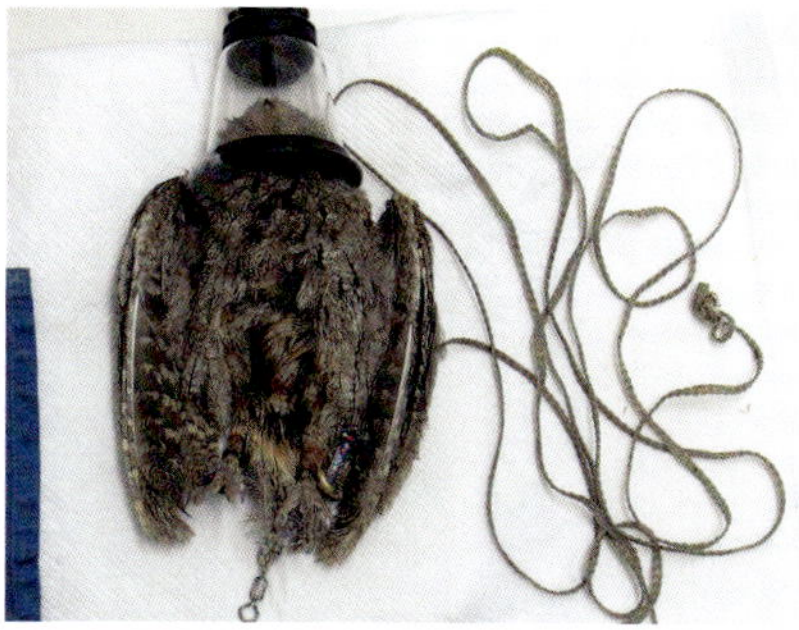
開腹手術で取り除いたところ、フクロウの体の何倍もの長さの紐が出てきました。

こちらも紐状のものが舌にからんで来院したフクロウ。

開腹手術後に出てきた異物。なんと約8㎝！ ぬいぐるみのような塊を飲んだと推測されます。

絞《こう》扼《やく》壊《え》死《し》

繋留法で飼う場合に足につけるアンクレットが足をきつく締めつけて、皮膚が壊死した状態のこと。

また、フクロウは足元が不衛生になりやすい生き物。足を使って生肉を食べたり、足元に排泄物が付着しやすいのが常です。これらがアンクレットの革に付着したり、特に水を含んだ場合や劣化によって革が収縮することがあります。

絞めつけられた足には傷ができ、不衛生であれば炎症を起こし、さらに腫れていきます。

これがどんどん悪化して絞扼壊死に。最悪の場合、足を切断することにもなりかねません。

しかし、しっかりと健康管理をしていれば初期の異変で気づき、防げる病気です。

治療は通常の傷の治療と同様、皮膚や周囲の組織をどれだけ再生できるかがポイントとなります。また、再感染の防止も重要で、適切な治療を受けなければ逆に悪化する可能性もあります。傷害の程度にもよりますが、治療つまり皮膚の再生には時間がかかります。完治するまでには、飼い主さんの根気も必要です。

繋いでいる個体はそれができなくなるため、治療中の管理法の相談も含め、なるべく専門病院での治療をおすすめします。

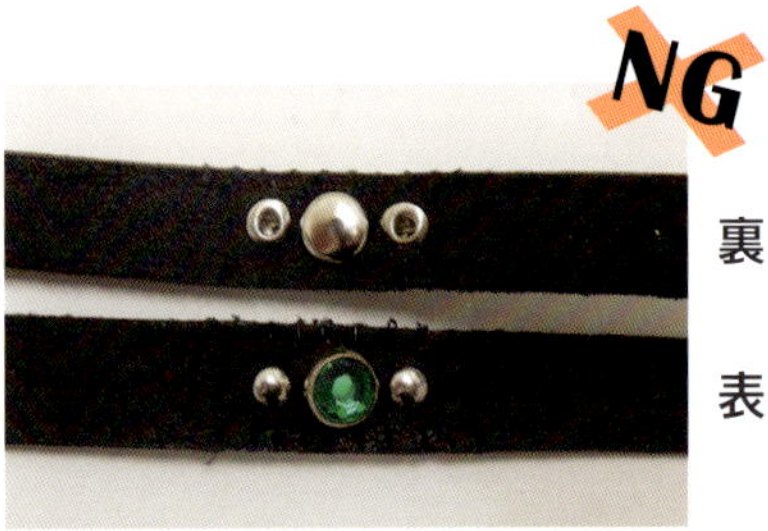

アンクレットのNG例。余計な装飾品とむき出しの金具でフクロウの足を痛めてしまいます。

治療までの流れ

①来院した状態。アンクレットから血がにじみ出ている。

②アンクレットを外したところ。肉がなく、骨がむき出し状態に。

③治療中。組織の再生が認められる。

④さらに再生が進んだ状態。

⑤ほぼ治癒できた状態。足の肉が元通りに。

趾《し》瘤症《りゅうしょう》(バンブルフット)

足の裏に感染を起こした状態。以前は猛禽類の不治の病とされていたほどの病気で、治療法を誤ると最悪の結果となります。

その昔、多くの鷹匠さんが「バンブルになると死ぬ」と言っていたのをそんなはずはないと、意地になって試行錯誤の上に治療法を編み出しました。私にとって思い入れの強い疾患のひとつでもあります。

不衛生な足元の環境や足の裏の傷、爪の伸ばし過ぎや不適切な取り扱いを受けた爪による傷、肥満やその個体に合っていないパーチなどが原因となります。私の経験上、治療には正確な現状の判断と再感染予防が重要で、中途半端な知識で治療をすると悪化し続け、悪循環に陥る可能性が高いので、これも経験豊富な獣医師による治療をおすすめします。

骨折

もともと活動的ではないフクロウの場合は、そのほとんどの原因が飼育環境や飼い主さんの知識不足に起因します。何かに驚き逃げようとして翼や足を折ることが多いからです。

当院では飼育指導を徹底的に行うので、かかりつけの患者さんにはほとんど骨折が見られません。アンクレット付近の足根骨の骨折は、不適切な環境もしくはヒトに馴れていないフクロウを繋いで飼うことに起因すると考えられます。

翼の骨折は何かの拍子に暴れた際に、翼の可動範囲に障害物があったり、狭い部屋での放鳥時に起きることが多く見られます。これも環境作りへの危機管理不足が原因でしょう。

治療は外科手術がメインで、骨折の状況によっては以前の状態を取り戻せない場合もあります。骨折させないよう、親代わりの飼い主さんが日々注意してあげることが一番大切です。

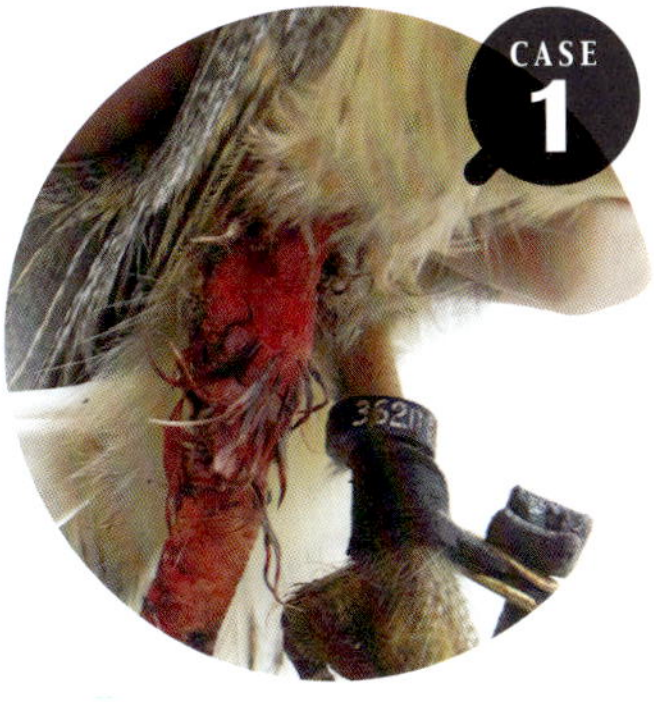

足の骨折。白い骨が露出しているのがわかります。

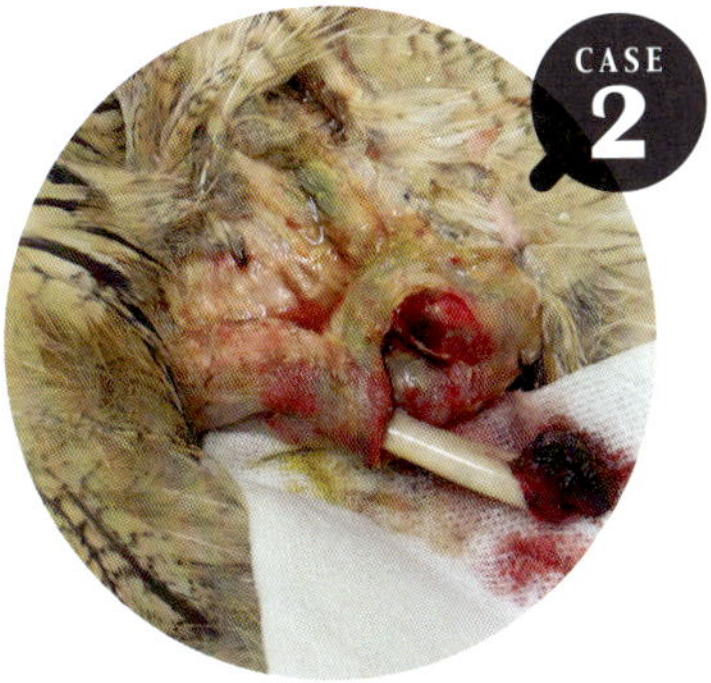

翼の骨折。放鳥時にガラス窓や障害物にぶつかるなどして、ここまでひどい骨折となることがあります。

呼吸器感染症（肺炎・気嚢《きのう》炎）

鳥類は特殊な呼吸システムを持っています。その影響かは不明ですが呼吸器疾患も多く見られます。初期症状は見つけることが難しいのですが、初期に認められやすいのは運動不耐性。

運動不耐性とは、運動後や暴れてしまった後に、いつもよりハアハアという努力性の呼吸がいつもより続き、戻りが遅い場合のことを指します。可能性としては循環器の問題もありますが、まずはレントゲンで検査を行います。

その原因はマイコプラズマや各種細菌、クラミドフィラ、ウイルス、真菌などさまざまで、原因の特定には直接、肺や気嚢からサンプルを採取する必要があります。

治療には複数の抗生剤・抗真菌剤を投与します。原因の特定が困難なこと、そして状態も悪化する場合が多いうえに、免疫力も低下しやすいので、二次感染の予防の意味も含めて投与を行います。

また、ネブライザーといって薬を噴霧し吸入させる治療法もあります。

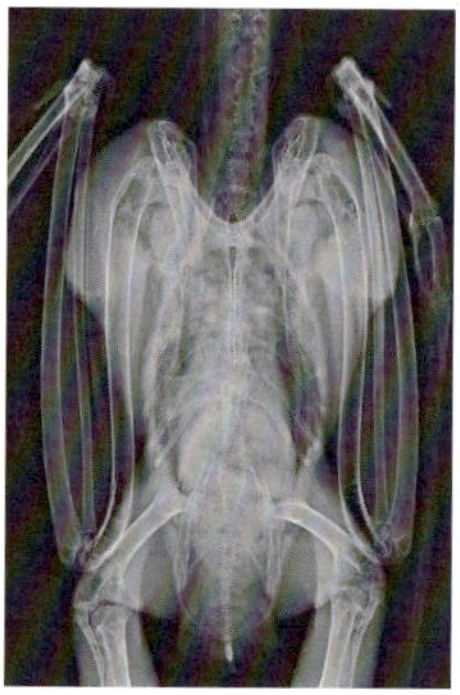

気嚢炎のワシミミズクのレントゲン画像。向かって右側が正常、左側に白い影がある。

呼吸が困難になると、口をあけてハアハアと息をする。

寒いところに住むシロフクロウは、日本で飼育すると暑がって、ハアハアという姿を見せることもあります。

From Dr.Izawa

アスペルギルス症

呼吸器系の疾患でとくに有名なのが、*Aspergillus* 属の真菌感染症であるアスペルギルス症。

ヒトを含めた哺乳類同様、フクロウも健康な個体での感染はありません。体調不良や輸送、環境変化などのストレス、大量の真菌胞子への接触などが素因となって感染し、発症します。

一度感染してしまった場合の完治は困難で、治ったように見えても免疫力の低下とともに再度発症することが少なくありません。病気の原因となる *Aspergillus* 属は環境中のどこにでもいる黒カビの仲間で、予防は不可能。せめて、免疫力を下げないように生活させるしかありません。ここでも、環境やどうしてもストレスのかかる輸送中の配慮がいかに重要かがご理解いただけるかと思います。

治療は抗真菌薬を使います。投与期間が長くなることも多いですが、この病気はうまくつき合っていかなければいけません。よって予防＝免疫力の維持が最重要となります。

専門的な話になりますが、昔から使われていた薬は、はっきり言うと治療にも予防にも向かないものでした。数年前にお世話なっている方から「伊澤君、海外でアスペルを治す魔法の薬を教えてもらったよ！」と紹介されたものの、私の答えは「その薬ですか？　もう使ってます。あのハヤブサの治療にも使ったやつです」と。

その名も「ボリコナゾール」。何を言いたかったかというと、それほど一般的には使用されていない薬なのです。おそらく、私はこの薬を日本で一番使用していると思います。使用経験も長く、在庫も抱えています。鳥の専門病院でも置いてないかもしれません。治療成績もよく、副作用もほとんどありません。難点は非常に高価なこと。

ちなみに当院では、治療費がかさんでしまうため、この薬のみ、ほぼ原価で処方しています。治療費がかさむと治療を渋ってしまう飼い主さんもいらっしゃいます。それは仕方ないことではありますが、治せないなら、せめて症状は緩和させてあげたい。そのような考えから、そうしはじめました。動物病院＝治療費が高い・治らない、だから連れていきたくないと思われるのは獣医師として考えさせられる問題なのです。正規の手続きをふめば、ほかの動物病院にもおわけすることも可能です。愛するフクロウのために、治療に二の足をふまず是非、治療法も含めてひと声ご相談ください。

吸入中毒

聞き慣れない言葉かもしれませんが、実はかなりの頻度で起きている事故です。私自身、病理解剖と検査、状況判断を繰り返し、ようやく診断可能になってきました。

鳥類は空気中に漂う化学物質に敏感で、それらを吸い込むと肺に充・出血が起こります。それ自体が呼吸困難の原因になったり、二次感染の原因となります。

フクロウのいる環境では、下記の表に挙げるものは、使用してはいけません。気体は拡散する性質があり、隣の部屋だから大丈夫、離れているから大丈夫ということはありえません。いくら換気扇を回そうと、家中が焼魚・焼き肉臭くなるのがその証拠。フクロウが吸ったらアウトなのです。少し吸ったくらいなら大丈夫、ではなく、フクロウは苦しさを隠しているだけかもしれません。苦しい思いをさせたくなければ、徹底的に注意しましょう。

というのも、残念ながらこの病気はリスクを説明しても、飼い主さんにあまり気に留めていただけないことが多いのです。うちは大丈夫とか、今まで平気だったからとか……。昔から、中毒性のガスが出るような場所ではカナリアやハトがテスター（検出器）として使われてきました。それは、哺乳類の何倍も、鳥類がこういった気体に関して敏感だからです。カナリアの命の値段の方が軽く見られているという悲しい例ですが、それくらい、我々には何の影響が無くとも、鳥類にとっては猛毒ということなのです。

治療は症状にもよりますが、呼吸が辛そうなレベルにまでなっていれば、入院して酸素吸入が必要となります。残念ながら家でできることはほぼありません。すぐに病院へ行きましょう。

中毒の原因となるもの

- 排気ガス
- 塗料
- 農薬
- 消毒薬
- 脱臭・芳香剤
- 焦げつき防止加工の調理器具（テフロン加工フライパンなど）の過熱
- 煙（タバコ、料理など）
- オーブンの過熱
- 漂白剤
- パーマ液
- ヘアスプレー
- 新しいドライヤーの蒸気
- マニキュア
- 除光液
- 接着剤
- スプレー式糊
- 殺虫剤
- 防虫剤
- 蚊取り線香
- 外壁工事の匂い
- 防水スプレー　etc…

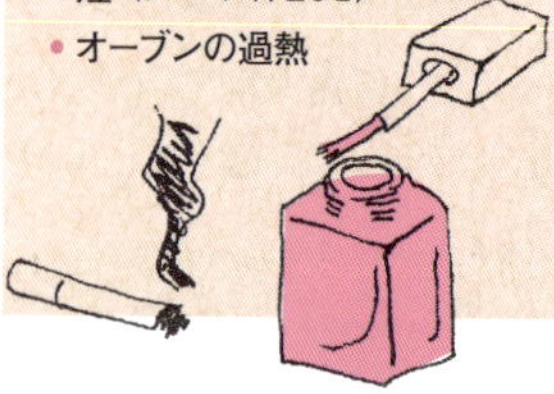

ハジラミ症

ハジラミの仲間は100以上存在し、感染する鳥種も異なります。ハジラミの多くは羽をかじり、それを餌としていますが、なかには血を吸うものもいます。

ハジラミは外部寄生虫なので、すぐにわかりそうなものですが、まず見つけるのが難しいもの。どうやら鳥はたいして痒くないのでは……と私は考えています。

ハジラミが大量に寄生すると羽の先端がギザギザ状に喰われたり、何かの拍子にハジラミが見える位置に出てきて発見され、来院となるケースが多々あります。

病院では、検査の際に保定をするため、このときに偶然見つかることも多くあります。

輸入されたフクロウに多く認められるため、ショップで駆虫を行っていない場合は一度診察を受けたほうがよいでしょう。

治療は、液体状の駆虫薬を使用します。基材がアルコールなので、注意して使わないと前述の吸入中毒を引き起こしてしまいます。

薬局やホームセンターで売っているものは、効果は高くなく、かつ毒性も強いので素人判断で使用することはやめたほうがよいでしょう。

ハジラミは宿主特異性が強いので、哺乳類には感染しません。

しかし！　残念ながらフクロウの体からヒトに飛び移ってくることは多々あり、ハジラミが肌の上を移動すると、虫唾が走るごとく痒いのです……。不快感も合わさって、まさに鳥肌状態。

一度、ヒトがハジラミに対して敏感になると、風で産毛が揺れただけでハジラミがいるような錯覚に陥ります。でも入浴すれば虫がいる感覚も消えます。

とにかく、ハジラミは人には寄生しないので、安心してください！

熱中症

夏特有の疾患と思われがちですが、年中起きています。逆に寒い冬こそ注意を。というのも、日本には「弱った鳥は保温を」という思い込みがあるようです。狭い箱にとじこめて過度に温めた結果、熱中症で死なせた話も聞きます。フクロウでの死因の上位でしょう。

熱中症には、熱痙攣、熱疲労、熱射病と分類があり、それぞれ対応が異なります。特に鳥類は暑さに弱く、緊急的な対応が必要で、一刻を争う場合が多いです。

呼吸が荒くなるなどの症状が見られたらすぐに病院へ。治療の基本はcoolingと静脈点滴。水をぶっかけたり、水につけるなどもってのほかです。病院への移動中、車内のエアコンは最大にし、空気を冷やします。命にかかわる疾患であり、時間との闘いということを忘れずに。

白内障

ヒトやイヌなどと同じように、フクロウも白内障になります。

症状としては、目の中の水晶体が白く濁り、左の写真のようになります。ほとんどは老化が原因ですが、若い場合は遺伝性やケガなどによります。視力が落ちるため、個体によっては飛びづらくなったり、完全に失明することもあります。再度、生活しやすい環境かどうか見直してください。

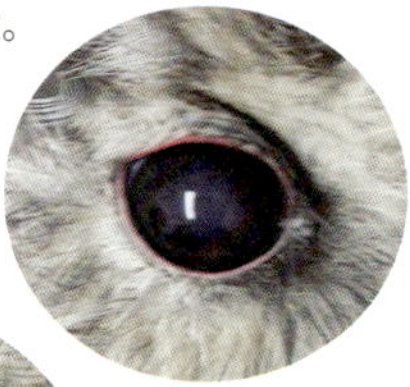

通常の瞳。

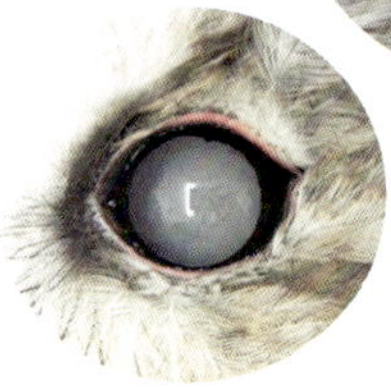

白内障の瞳。白く濁って見える。

角膜潰瘍

ヒトもコンタクトレンズなどで角膜に傷がつき、角膜潰瘍になることがあります。

フクロウの場合も、同じように角膜に傷がついて発症するもの。事故やケガなどで傷がつき、傷口から細菌や真菌が入って病気を起こします。

ストレスによるものや、栄養不足で発症することもあります。

治療は基本的に点眼薬の投与です。

フルオレセイン検査で傷ついた部分が染まって見える。

眼内出血

重度の頭部外傷によるもので、眼球の大きなフクロウに時折見られます。

症状がひどいと眼球が壊死してしまうため、摘出手術が必要になることもあります。

出血し、眼球が赤くなっている。

尿酸結石

排泄回数を減らす、発情期のメスによく見られます。脱水を伴っていることが多く、日頃からの心がけが重要です。総排泄腔を洗浄することで、無麻酔で摘出可能な場合がほとんどです。

メンフクロウの尿酸結石

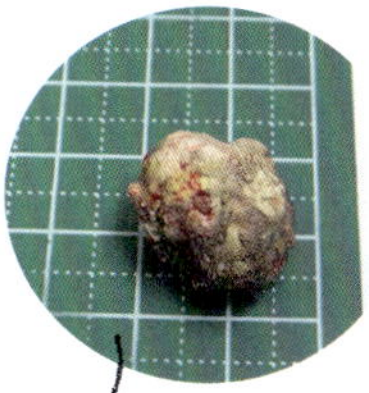

口内炎

寄生虫のトリコモナス感染などでも起こりますが、ニキビ様の膿瘍ができている場合は敗血症の症状であることが多いです。緊急性が高く、早急に適切な処置を受けなければ命にかかわる可能性が高くなります。

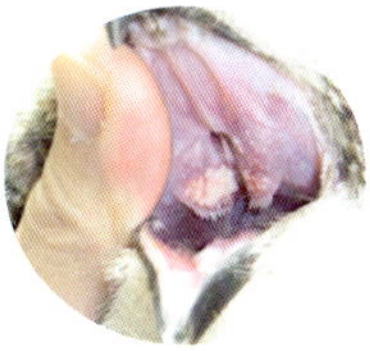

熱傷

不用意な放鳥時などに起きる事故。パネルヒーター使用時などに低温熱傷になることもあります。原因の大半は不注意によるものです。

赤くただれた皮膚。

嘴過長《くちばしかちょう》

管理不足から、病気の症状を起こす場合もあります。肝機能不全の場合は、質の悪い嘴や爪が形成され、正常に磨耗されないため、極度に伸びてしまいます。

肝機能不全のため伸びすぎたクチバシ。

管理不足のため、ボロボロにもろくなったクチバシ。

著者
伊澤伸元（いざわ のぶもと）

鳥と小動物の病院　falconest 院長。

日本獣医生命科学大学卒業後、大学病院研修生、小動物臨床、夜間救急病院、UAE（アラブ首長国連邦）での猛禽類専門病院研修を経て、2010 年に開業。

野生動物の獣医を目指し、現在に至る。

人に厳しく動物に優しいがモットー。

中央動物専門学校非常勤講師も兼任。

Staff
撮影 ……………… 宮本亜沙奈
デザイン・イラスト …… monostore（志野原 遥）
イラスト …………… 藤田亜耶［P73、77、84、106］
編集 ……………… 株式会社スリーシーズン（荻生 彩）
編集ディレクター …… 編笠屋俊夫
進行管理 …………… 中川通、渡辺塁、牧野貴志

はじめてのフクロウとの暮らし方

2016 年 4 月 15 日　初版第 1 刷発行

著者　伊澤伸元
発行者　穂谷竹俊
発行所　株式会社日東書院本社
〒 160-0022　東京都新宿区新宿 2 丁目 15 番 14 号　辰巳ビル
TEL：03-5360-7522（代表）
FAX：03-5360-8951（販売）
URL：http://www.TG-NET.co.jp
印刷　大日本印刷株式会社
製本　株式会社宮本製本所

読者のみなさまへ
本書の内容に関する問い合わせは、
お手紙かメール（info@TG-NET.co.jp）にて承ります。
恐縮ですが、お電話でのお問い合わせは
ご遠慮くださいますようお願い致します。

ISBN978-4-528-02076-4 C2077